高等职业技术教育"十二五"规划教材

数控加工项目实训教程

主 编 刘 白 乔龙阳

副主编 俞 挺 宋显文

　　　　 刘军辉 廖 艳

　　　　 张建军 陆 叶

西南交通大学出版社

·成都·

图书在版编目（ＣＩＰ）数据

数控加工项目实训教程 / 刘白，乔龙阳主编. —成都：西南交通大学出版社，2014.7（2017.8 重印）
高等职业技术教育"十二五"规划教材
ISBN 978-7-5643-3162-7

Ⅰ. ①数… Ⅱ. ①刘… ②乔… Ⅲ. ①数控机床－加工－高等职业教育－教材 Ⅳ. ①TG659

中国版本图书馆 CIP 数据核字（2014）第 142097 号

高等职业技术教育"十二五"规划教材
数控加工项目实训教程
主编　刘　白　乔龙阳

责 任 编 辑	李芳芳
助 理 编 辑	罗在伟
特 邀 编 辑	李 伟
封 面 设 计	墨创文化
	西南交通大学出版社
出 版 发 行	（四川省成都市二环路北一段 111 号 西南交通大学创新大厦 21 楼）
发行部电话	028-87600564　028-87600533
邮 政 编 码	610031
网　　　址	http://www.xnjdcbs.com
印　　　刷	成都市书林印刷厂
成 品 尺 寸	185 mm×260 mm
印　　　张	18.5
字　　　数	462 千字
版　　　次	2014 年 7 月第 1 版
印　　　次	2017 年 8 月第 2 次
书　　　号	ISBN 978-7-5643-3162-7
定　　　价	46.00 元

前　言

随着我国加工制造业自动化程度的提高和数控技术的进一步普及，企业对学生的实践能力和职业技能提出了更高的要求，这对职业教育是一个新的挑战。我们紧紧围绕职业能力目标，以职业活动为导向，以学生为主体，以项目为载体，以实训为手段，应用"教、学、做"一体化教学模式编写了本教材。其主要特色如下：

（1）本教材以项目驱动为导向，以工学结合人才培养模式的改革与实践为基础，围绕典型工作任务，将行业岗位技能融入教学载体，形成合理、全面的课程体系，在职业情境中实现"教、学、做"一体化。

（2）理论和实训一体化融合。打破传统教材按章节划分理论知识的方法，将理论和实践融入任务中，各个任务以培养学生的职业技能为目的，相关知识涉及任务能力的理论支撑，任务分析包括零件加工工艺制订和技能工艺要点、程序编写剖析，结合任务实施和质量检查，循序渐进地构建统一的系统知识结构。

（3）教材内容由易到难，循序渐进；以项目进阶方式开展，以任务训练进行教学。学生按照本教材项目学习训练后，能很好地掌握行业岗位所用到的技能，大大缩短了学生到企业尚需一段时间的适应期，真正实现了学校与企业的无缝接轨。

（4）教学内容既涉及国产数控设备，也包括进口机床。教材模拟企业的工作环境，在每个任务完成过程中都要进行检查考核，要求学生不但要掌握任务要求的知识和技能，也要遵守职业岗位纪律，旨在培养学生良好的职业素养。

本教材以数控车削和铣削加工为主要内容，共有 12 个项目、25 个任务。任务内容包含任务导入、任务分析、相关知识、任务准备、任务实施和任务小结。每个项目之后配有 4~6 个强化训练题，可针对该部分内容深入学习。建议在完成机械类专业基础课程的学习后使用本教材，学时为 5~8 周。本教材的第一篇由深圳信息职业技术学院刘白编写，第二篇由阳江职业技术学院乔龙阳编写。副主编俞挺（宁波第二技师学院）、宋显文（广州市蓝天技工学校）、刘军辉（河源职业技术学院）、廖艳（嘉兴职业技术学院）、张建军（十堰市高级技工学校）、陆叶（茂名职业技术学院）在编写过程中做了大量具体细致的工作。

本书可作为本科与高职高专院校、中职与技工学校机械制造类各个专业的数控编程与加工课程的"教、学、做"一体化教材，也可作为各类技能培训机构的实训教材。

由于编者水平有限，本书难免存在不足之处，恳请广大读者批评指正。

编　者

2014 年 3 月

目　录

第一篇 数控车削加工

一、认识数控车床

(一)数控车床的分类

数控车床主要用于加工轴类和回转体类零件,具有通用性好、加工精度高、加工效率高等优点,是目前使用量最大的一种数控加工设备。

1. 按主轴的位置分类

(1)卧式数控车床。卧式数控车床是指主轴轴线处于水平位置的车床,如图 1-0-1 所示。卧式数控车床又可分为数控水平导轨卧式车床和数控倾斜导轨卧式车床;倾斜导轨结构的车床具有较大的刚性,且易于排除切屑。

(2)立式数控车床。立式数控车床是指主轴轴线垂直于水平面的车床,有一个直径较大的圆形工作台,主要用来加工径向尺寸较大、轴向尺寸较小的大型复杂零件,如图 1-0-2 所示。

图 1-0-1　卧式数控车床　　　　　　图 1-0-2　立式数控车床

2. 按机床的功能分类

(1)经济型数控车床。经济型数控车床一般指对普通车床的进给系统进行改造后形成的简易型数控车床。其采用步进电动机驱动的开环伺服系统,控制系统采用单片机或单板机;结构简单、价格低廉、自动化程度和功能都比较差,车削加工精度也不高,适用于要求不高的回转体类零件的车削加工。

1

（2）普通数控车床。普通数控车床是指根据车削加工要求在结构上进行专门设计，并配备通用数控系统而形成的数控车床，数控系统功能强，自动化程度和加工精度也比较高，适用于一般回转体类零件的车削加工。这种数控车床可同时控制两个坐标轴，即 X 轴与 Z 轴。

（3）车削加工中心。车削加工中心是在普通数控车床的基础上，增加了 C 轴和动力刀具系统（更高级的数控车床还带有刀库），可以控制 X、Z 和 C3 个运动坐标轴，联动运动坐标轴可以是（X、Z）、（X、C）或（Z、C）。由于增加了 C 轴和动力刀具系统，车削加工中心的功能大大增强，除可进行一般车削加工外，还可以进行径向和轴向铣削、曲面铣削、中心线不在零件回转中心的孔和径向孔的钻削加工等。

（二）数控车床的组成

数控车床一般由数控装置、输入/输出设备、伺服系统、驱动装置、可编程控制器 PLC 及电气控制装置、辅助控制装置、机床本体、检测装置等组成。

1. 数控装置

数控装置是数控机床的核心，主要包括微处理器 CPU、存储器、局部总线、外围逻辑电路以及与数控系统的其他组成部分通信的接口等。该装置接收控制介质上的数字化信息，经过控制软件或逻辑电路进行编译、运算和逻辑处理后，输出相应的信号和指令，控制机床的各个部分，进行规定的、有序的运动。

2. 输入/输出设备

输入装置的作用是将控制介质（将零件加工信息传送到数控装置中去的程序载体）上的数控代码传递并存入数控系统内，如移动硬盘、U 盘、磁盘等。输出装置的作用是将数控代码或数据进行打印或显示等。数控系统一般配有 CRT 显示器或点阵式液晶显示器，显示信息丰富，有些还具体显示图形的功能。

3. 伺服系统

伺服系统作为数控装置和机床本体的联系环节，接收数控装置的指令信息，并按指令信息的要求控制执行部件的进给速度、方向和位移。它把来自数控机床（简称 CNC）装置的微弱指令信号放大成控制驱动装置的大功率信号。常用的位移执行机构有：功率步进电动机、直流伺服电动机、交流伺服电动机。

4. 驱动装置

驱动装置把经伺服系统放大的指令信号变为机械运动，通过简单的机械连接部件驱动机床，使工作台精确定位或按规定的轨迹做严格的相对运动，最后加工出图样所要求的零件。

5. 辅助控制装置

辅助控制装置是介于数控装置和机床机械、液压部件之间的强电控制装置。它的主要作用是接收数控装置输出的主运动变速、刀具选择和交换、辅助动作等指令信息，经过必要的编译、逻辑判断、功率放大后，直接驱动相应的电气、液压和机械部件，以完成各种规定的动作。辅助控制装置广泛使用的是可编程控制器 PLC。PLC 的特点为：响应快、性能可靠、易于使用、编程和修改程序快捷方便，并可直接驱动机床电器。

6. 检测装置

检测装置把机床工作台的实际位移转变成电信号反馈给 CNC 装置，供 CNC 装置与指令值比较产生误差信号，以控制机床向消除该误差的方向移动。检测装置安装在数控机床的工作台或丝杠上。按有无检测装置，数控系统可分为开环系统和闭环系统；而按检测装置安装的位置不同，又可分为全闭环数控系统与半闭环数控系统。检测装置的作用是检测数控机床各个坐标轴的实际位移量，经反馈系统输入到机床的数控装置中；数控装置将反馈回来的实际位移量与设定值进行比较，控制伺服机构按指令设定值运动。该装置常用的检测元件有：直线光栅、光电编码器、圆光栅、绝对编码尺等。

7. 机床本体

机床本体是数控机床的本体，是用于完成各种切削加工的机械部分，包括主运动部件、进给运动执行部件和床身等。

（三）数控车床的加工工艺类型及特点

1. 数控车床的加工工艺类型

（1）数控车床的加工工艺类型主要包括车外圆、车端面、切槽、车螺纹、滚花、车锥面、车成形面、钻中心孔、钻孔、镗孔、铰孔、攻螺纹等，如图 1-0-3 所示。

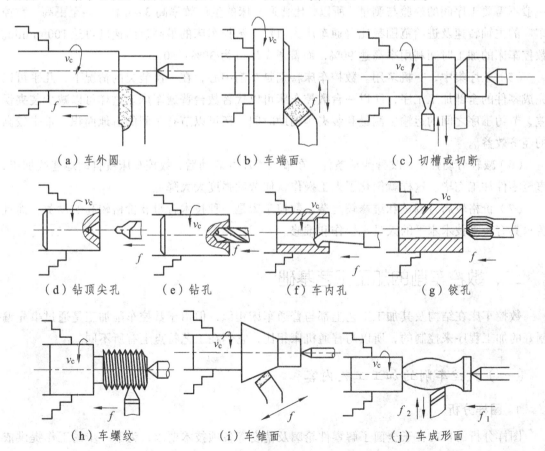

（a）车外圆　　　　（b）车端面　　　　（c）切槽或切断

（d）钻顶尖孔　　（e）钻孔　　（f）车内孔　　（g）铰孔

（h）车螺纹　　　　（i）车锥面　　　　（j）车成形面

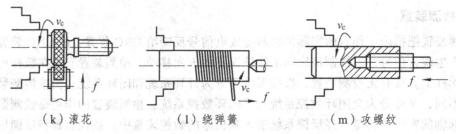

（k）滚花　　　　　（l）绕弹簧　　　　　（m）攻螺纹

图 1-0-3　数控车床的加工工艺类型

2. 数控车床加工的特点

（1）适应性强。当改变加工零件时，数控车床只需要更换零件的加工程序。因此，数控车床生产周期短，有利于机械产品的迅速更新换代。

（2）适合加工复杂型面的零件。由于数控车床能实现两轴或两轴以上的联动，所以能完成复杂型面的加工，特别是可用于加工用数学方程式和坐标点表示的形状复杂的零件。

（3）加工精度高，质量稳定。数控车床有较高的加工精度，一般在 0.005 ～ 0.01 mm。数控车床通过数控程序自动运行加工，可以避免人为产生的误差，保证了零件加工质量的稳定性。

（4）生产效率高。在数控车床上可以采用较大的切削用量，能有效地节省机动工时。同时，数控车床还有自动调整、自动换刀和其他辅助操作等功能，使辅助时间大为缩短，而且一般不需要工序间的检验与测量。所以，比普通车床的生产效率高 3 ～ 4 倍，甚至更高。数控车床的主轴转速及进给范围都比普通车床大。目前，数控车床的最高进给速度可达 100 m/min。数控车床的加工时间利用率高达 90%，而普通车床仅为 30% ～ 50%。

（5）工序集中，一机多用。数控车床特别是车削中心，在一次装夹的情况下，几乎可以完成零件的全部加工工序，所以一台数控车床可以代替数台普通车床。这样可以减少装夹误差，节约工序之间的运输、测量和装夹等辅助时间，还可以节省车间的占地面积，带来较高的经济效益。

（6）减轻劳动强度，改善劳动条件。在输入程序并启动后，数控车床就自动地连续加工，直至零件加工完毕。这样就简化了人工操作，使劳动强度大大降低。

（7）价格较高且调试和维修较复杂。数控车床是一种技术含量和价格较高的设备，而且要求具有较高技术水平的人员来操作和维修。

二、数控车削的加工工艺基础

数控车床在结构及其加工工艺上都与普通车床相似，但由于数控车削加工是通过事先编制好的加工程序来控制的，所以与普通机床相比，它们在工艺特点上有所不同。

（一）数控车削的加工工艺内容

1. 图样分析

图样分析的目的在于全面了解零件轮廓及精度等各项技术要求，为下一步的工作提供依据，如图 1-0-4 所示。在分析过程中，可以同时进行一些编程尺寸的简单换算，如增量尺寸、绝对尺寸、中值尺寸及尺寸链计算等。在数控编程实践中，常常对零件要求的尺寸进行中值计算，以此作为编程的尺寸依据。

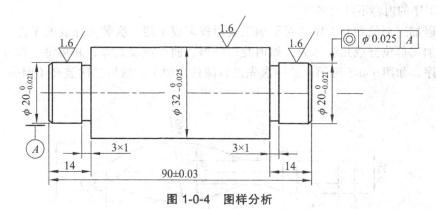

图 1-0-4　图样分析

2. 工艺分析

工艺分析的目的在于分析工艺的可能性和优化性。工艺可能性是指考虑采用数控加工的基础条件是否具备，能否经济地控制其加工精度等；工艺优化性主要是指对机床（或数控系统）的功能等要求能否尽量降低，刀具种类及零件装夹次数能否尽量减少，切削用量等参数的选择能否适应高速度、高精度的加工要求等。

3. 工艺准备

工艺准备是工艺安排工作中不可忽视的重要环节。它包括数控车床操作编程手册、标准刀具和通用夹具样本及切削用量表等资料的准备，机床（或数控系统）的选型和机床有关精度及技术参数（如综合机械间隙）的测定，刀具的预调（对刀），补偿方案的制订以及外围设备（如自动编程系统、自动排屑装置等）的准备工作。

4. 工艺设计

在完成上述步骤的基础上，参照"制订加工方案"中所介绍的方法完成其工艺设计（构思）工作。

5. 实施编程

将工艺设计的构思通过加工程序单表达出来，并通过程序校对验证其工艺处理（含数值计算）的结果是否符合加工要求，是否为最好方案。

（二）数控车削的加工工艺分析

1. 工序的划分

根据数控加工的特点，数控加工工序的划分一般按下列方法进行：

（1）以一次安装、加工作为一道工序。这种方法适合于加工内容较少的工件，加工完毕后即达到待检状态。

（2）以同一把刀具加工的内容划分工序。有些工件虽然能在一次安装中加工出很多表面，但因程序太长，可能会受到某些限制，如控制系统的限制（内存容量）、机床连续工作时间的限制（一道工序在一个工作班内不能结束）等。此外，程序太长会增加错误及检索难度。因此，每道工序的内容不可太多。

（3）以加工部位划分工序。对于加工表面较多或不能一次装夹完成的工件，可按其结构特点将加工部位分成几个部分，如内腔、外形、曲面或端面等，并将每一部分的加工作为一道工序。如图 1-0-5 所示，第一次先进行圆柱面加工，然后二次装夹（调头），车削圆弧表面。

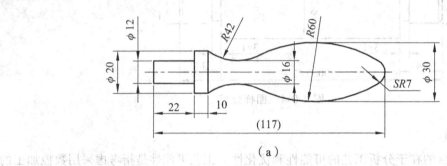

（a）

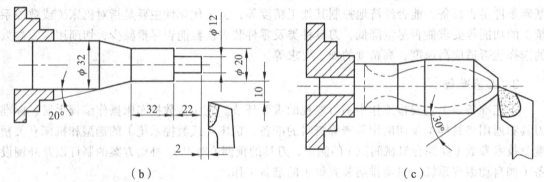

（b）   （c）

图 1-0-5　工序的划分

（4）以粗、精加工划分工序。对于加工中易发生变形和要进行中间热处理的工件，粗加工后的变形常常需要进行校直，故要进行粗、精加工的零件一般都要将工序分开。

2. 工序的安排

工序的安排应根据零件的结构和毛坯状况，以及安装定位与夹紧的需要来考虑。工序安排一般应按以下原则进行：

（1）上道工序的加工不能影响下道工序的定位与夹紧，中间有普通车床加工工序的也应综合考虑。

（2）先进行内腔加工，后进行外形加工。

（3）相同定位、夹紧方式或同一把刀具加工的工序，最好连续加工，以减少重复定位次数和换刀次数。

（4）数控加工工序与普通工序的衔接。数控加工工序前后穿插有其他普通加工工序时，如衔接得不好就容易产生矛盾。因此，在熟悉整个加工工艺内容的同时，要清楚数控加工工序与普通加工工序各自的技术要求、加工目的、加工特点，如留不留加工余量、留多少、定位面与孔的精度要求及形位公差，加工过程中的热处理等，这样才能使各工序达到加工的要求。

3. 数控车床刀具的选择

在数控车床加工中，产品质量和生产效率在相当大的程度上受到刀具的制约。虽然数控刀具的切削原理与普通车床基本相同，但由于数控加工特性的要求，在刀具参数的选择上，特别是切削部分的几何参数选择上，要满足一定的条件，才能达到数控车床的加工要求，充分发挥数控车床的优势。数控车床对刀具的要求如下：

（1）刀具的性能。

① 强度高。为适应刀具在粗加工或对高硬度材料的加工时，能大吃刀量和快走刀，要求刀具必须具有较高的强度；对于刀杆细长的刀具（如深孔车刀），还应有较好的抗振性。

② 精度高。为适应数控加工的高精度和自动换刀等要求，刀具及其夹具都必须具有较高的精度。

③ 适应高速和大进给量切削。为了提高生产效率并适应一些特殊加工的需要，刀具应能满足高切削速度的要求，如采用聚晶金刚石车刀加工玻璃或碳纤维复合材料时，其切削速度高达 1 000 m/min。

④ 可靠性好。为保证数控加工中不会因刀具发生意外损坏，避免潜在缺陷影响到加工的顺利进行，要求刀具及与之组合的附件必须具有很好的可靠性和较强的适应性。

⑤ 使用寿命长。刀具在切削过程中的不断磨损，会造成加工尺寸的变化，伴随刀具的磨损，还会因切削刃变钝，使切削力增大，导致被加工零件的表面粗糙度下降，又会加剧刀具磨损，形成恶性循环。因此，在数控车床加工中使用的刀具，无论在粗加工、精加工或特殊加工中都应比普通车床刀具具有更长的使用寿命，以减少更换或修磨刀具及对刀的次数，从而保证零件的加工质量，提高生产效率。另外，较好的断屑性能，可保证数控车床加工顺利、安全地进行。数控车削加工所用的硬质合金刀片，常采用三维断屑槽来改善切削性能。

（2）刀具的类型。

① 机夹可转位车刀。

② 涂层刀具。涂层硬质合金刀片的使用寿命与普通刀片相比至少可提高 1 ~ 2 倍，而涂层高速钢刀具的寿命则可提高 2 ~ 10 倍。

③ 非金属材料刀具。用作刀具的非金属材料主要有陶瓷、金刚石及立方氮化硼等。

4. 基准的合理选用

数控车床车削加工零件时，零件必须通过相应的夹具进行装夹和定位，其装夹与定位工作又与基准及其选择有着十分密切的关系。

（1）基准的分类。基准分为设计基准和工艺基准两大类。其中，工艺基准又分为定位基准、测量基准和装配基准等。

在加工中用作定位的基准，称为定位基准。例如，在车床上用三爪自定心卡盘装夹工件时，被装夹的圆柱表面就是其定位基准；又如，用两顶尖装夹长轴类工件时，其定位基准则是由两顶尖孔体现出的组合基准轴线。作为定位基准的点或线，一般是以具体表面来体现的，这种表面叫作基面。加工前必须认真分析并考虑工件如何进行装夹和定位，以保证定位准确、装夹可靠，而工件的定位又必然涉及有关基准的选择。

（2）定位基准的选择。在制订零件加工工艺过程中，合理选择定位基准对保证零件的尺寸和相互位置精度起着决定性的作用。定位基准有粗基准与精基准之分。在加工的起始工序中，只能用毛坯未经加工的表面作为定位基准，该表面称为粗基准；利用已经加工过的表面作为定位基准，该表面称为精基准。选择定位基准时，要考虑到保证工件加工精度的要求。

（3）粗基准选择原则。选择粗基准时，主要要求保证各加工面有足够的余量，使加工面与不加工面间的位置符合图样要求，并特别注意要尽快获得精基准。具体选择时应考虑下列原则：

① 选择重要表面为粗基准。为保证工件上重要表面的加工余量小而均匀，则应选择该表面为粗基准。

② 选择加工余量最小的表面为粗基准。在没有要求保证重要表面加工余量均匀的情况下，如果零件上每个表面都要加工，则应选择其中加工余量最小的表面为粗基准，以避免该表面在加工时因余量不足而留下部分毛坯面，造成废品。

③ 选择较为平整、光洁、加工面积较大的表面为粗基准。选择这样的表面为粗基准使工件定位可靠、夹紧方便。

④ 选择不加工表面为粗基准。为了保证加工面与不加工面间的位置要求，一般应选择不加工面为粗基准。如果工件上有多个不加工面，则应选其中与加工面位置要求较高的不加工面为粗基准，以便保证精度要求、使外形对称等。

⑤ 粗基准应避免重复使用。在同一尺寸方向上，粗基准只允许使用一次，否则将无法保证加工表面间的位置精度。

（4）精基准的选择原则。选择精基准时，主要应考虑保证加工精度和工件装夹方便可靠，其选择原则如下：

① 基准重合。选择设计基准作为定位基准，称为基准重合。采用基准重合可以避免基准不重合误差，有利于保证加工精度。

② 基准统一。同一零件的多道工序，应尽可能选择同一个定位基准，称为基准统一，这样有利于保证各加工表面的位置精度。

③ 自为基准。某些要求加工余量小而均匀的精加工工序，选择加工表面本身作为定位基准，称为自为基准。

④ 互为基准。当对工件上两个相互位置精度要求很高的表面进行加工时，需要用两个表面互相作为基准，反复进行加工，以保证位置精度要求。

⑤ 装夹方便。所选精基准应保证工件装夹可靠，夹具设计简单、操作方便。

实际上，无论精基准还是粗基准的选择，上述原则都不可能同时满足，有时还是互相矛盾的。因此，在选择时应根据具体情况进行分析。

5. 确定切削用量

数控机床加工中的切削用量是表示机床主运动和进给运动速度大小的重要参数，包括背吃刀量、切削速度和进给量。在加工程序编制工作中，选择好切削用量，使背吃刀量、切削速度和进给量三者间能互相适应，形成最佳切削参数，是工艺处理的重要内容之一。

（1）背吃刀量的确定。在工艺系统刚性和机床功率允许的条件下，应尽可能选取较大的背吃刀量，以减少走刀次数。当零件的精度要求较高时，应考虑适当留出精车余量，所留精车余量一般为 0.1 ~ 0.5 mm。

（2）切削速度的确定。切削速度是指切削时，车刀切削刃上切削点与待加工表面在主运动方向上的瞬时速度，又称为线速度。确定加工时的切削速度可参考附录中切削用量推荐表，也可以根据实践经验来确定。

主轴转速的确定方法可根据零件上被加工部位的直径、零件结构、刀具材料、加工要求等条件所允许的切削速度来确定。在实际生产中，主轴转速可按下式计算：

$$n = 1\ 000\ v_c/\pi D$$

式中　n ——主轴转速，r/min；

　　　D ——工件待加工表面的直径，mm；

　　　v_c ——切削速度，m/min。

（3）进给量的确定。进给量是指工件每转一周，车刀沿进给方向移动的距离（mm/r）。它与背吃刀量有着密切的关系。

进给量的选择原则如下：

① 在满足表面质量的条件下，为提高生产效率，可选择较高的进给量。

② 切断、车削深孔或用高速钢刀具车削时，宜选择较低的进给量，如切断时取 0.05 ~ 0.2 mm/r。

③ 在粗车时进给量的取值可大一些，精车应小一些，如粗车时一般取 0.3 ~ 0.8 mm/r。

④ 进给量应与切削速度和背吃刀量相适应。

6. 制订加工方案

加工方案又称工艺方案，数控车床的加工方案包括制订工序、工步及其先后顺序和进给路线等内容。制订加工方案的方法较多，如先粗后精、先近后远及先内后外等。

在制订加工方案过程中，除了必须严格保证零件的加工质量外，还应注意以下几个方面的要求：

（1）程序段最少。在加工程序的编制过程中，为使程序简洁、减少出错率及提高编程工作效率等，总是希望以最少的程序段实现对零件的加工。由于机床数控装置具有直线和圆弧插补等运算功能，除非圆曲线等特殊插补功能要求外，精加工程序段数一般可由构成零件的几何要素及由工艺路线确定的各条程序段直接得到。这时，应重点考虑如何使粗车的程序段数和辅助程序段数为最少。例如，在粗加工时尽量采用车床数控系统的固定、复合循环等功能。

（2）进给路线最短。确定进给路线的重点主要在于确定粗加工和空行程路线，因为精加工切削过程的进给路线基本上都是沿其零件轮廓顺序进行的。进给路线泛指刀具从对刀点开始运动起，直至返回该点并结束加工程序所经过的路径，包括切削加工的路径及刀具引入、切出等非切削空行程的路径。

在保证加工质量的前提下，使加工程序具有最短的进给路线，这样不仅可以节省整个加工过程的执行时间，还能减少一些不必要的刀具消耗及机床进给机构滑动部件的磨损等。

选择最短的切削进给路线，不仅可有效地提高生产效率，还可大大降低刀具的损耗。在安排粗加工或半精加工的切削进给路线时，应同时兼顾被加工零件的刚性及加工的工艺要求，不要顾此失彼。

（3）灵活选用不同形式的切削路线。不同形式的切削路线有不同的特点，了解它们各自的特点，有利于合理安排其进给路线。

三、程序编制及指令介绍

（一）数控编程的具体流程与要求

数控编程是指从零件图样到获得数控加工程序的全部工作过程。在进行数控编程之前，编程人员应了解所用数控机床的规格、性能以及数控系统所具备的功能和编程指令格式等。编制程序时，应先对图样描述的零件几何形状、尺寸及工艺要求进行分析，确定加工方法和加工工艺，包括加工工序、刀具、加工路线、切削参数等，再进行数值计算，获得刀位数据。然后按数控机床规定的代码和程序格式，将工件的尺寸、刀具数据、加工路线、切削参数、辅助功能（如换刀、主轴正反转、切削液开关等）编制成加工程序，并输入数控系统，由数控系统控制机床自动地进行加工。

一般来说，数控编程过程主要包括分析零件图、工艺处理、数学处理、编写程序单、输入数控系统及程序检验等。

1. 分析零件图和工艺方案

这一步骤的内容包括：对零件图进行分析，以明确加工的内容及要求，确定加工方案、选择合适的数控机床、设计夹具、选择刀具、确定合理的进给路线及选择合理的切削用量等。工艺处理涉及的问题很多，编程人员需要注意以下几点：

（1）应考虑数控机床使用的合理性及经济性，并充分发挥数控机床的功能；保证零件的加工精度和表面粗糙度要求；尽量缩短加工路线，减少空行程时间和换刀次数，以提高生产效率；尽量使数值计算方便，程序段少，以减少编程工作量；合理选取起刀点、切入点和切入方式，保证切入过程平稳，没有冲击；保证加工过程的安全性，避免刀具与非加工面的干涉。

（2）安装零件与选择夹具时，应尽量选择通用、组合夹具，一次安装中把零件的所有加工面都加工出来，使零件的定位基准与设计基准重合，以减少定位误差。使用组合夹具，生产准备周期短，夹具零件可以反复使用，经济效益好。所用夹具应便于安装，便于协调工件和机床坐标系的尺寸关系。

（3）选择刀具时应根据工件材料的性能、机床的加工能力、加工工序的类型、切削用量以及其他与加工有关的因素来选择。切削用量包括主轴转速、进给速度、背吃刀量等。背吃刀量由机床、刀具、工件的刚度确定，在刚度允许的条件下，粗加工应取较大背吃刀量，以减少进给次数、提高生产效率；精加工取较小背吃刀量，以获得较好的表面质量。主轴转速根据机床允许的切削速度及工件直径选取；进给速度则按零件加工精度、表面粗糙度要求选取，粗加工取较大值，精加工取小值；最大进给速度受机床刚度及进给系统性能限制。

2. 数学处理

在确定了工艺方案后，就需要根据零件的几何尺寸、加工路线等，计算刀具中心运动轨迹，以获得刀位数据，根据被加工零件图样，按照已经确定的加工工艺路线和允许的编程误差，计算数控系统所需要输入的数据，这称为数学处理。

（1）选择编程原点。零件编程原点的 X 向零点应选在零件的回转中心，Z 向零点一般选在零件的右端面、设计基准或中间平面内。编程原点选定后，就应把各点的尺寸换算成以编程原点为基准的坐标值。为了在加工过程中有效地控制尺寸公差，应按尺寸公差的中值来计算坐标值。

（2）基点。零件的轮廓是由许多不同的几何要素组成的，如直线、圆弧、二次曲线等，各几何要素之间的连接点称为基点。基点坐标是编程中必需的重要数据。

（3）非圆曲线数学处理的基本过程。数控系统一般只能作直线插补和圆弧插补的切削运动。如果工件轮廓是非圆曲线，数控系统就无法直接实现插补，而需要通过一定的数学处理。数学处理的方法是，用直线段或圆弧段去逼近非圆曲线，逼近线段与被加工曲线交点称为节点。

在编程时，首先要计算出节点的坐标，节点的计算一般都比较复杂，靠手工计算很难完成，必须借助计算机辅助处理。求得各节点坐标后，就可按相邻两节点间的直线来编写加工程序。这种通过求得节点，再编写程序的方法，使得节点数目决定了程序段的数目。因此，正确确定节点数目是关键问题。

3. 编写零件加工程序单

在完成上述工艺处理及数值计算工作后，即可编写零件加工程序。编程人员使用数控系统的程序指令，按照规定的程序格式，逐段编写加工程序。编程人员应对数控机床的功能、程序指令及代码十分熟悉，才能编写出正确的加工程序。

4. 程序的输入及检验

对于形状复杂（如空间自由曲线、曲面）、工序很长、计算烦琐的零件需采用计算机辅助数控编程。程序编写好后，可直接将程序导入数控系统，对有图形显示功能的数控机床可进行图形模拟加工，检查刀具轨迹是否正确，对无此功能的数控机床可进行空运转检验，但这种检验方法只能检验刀具运动轨迹的正确性，不能检验对刀误差和某些计算误差引起的加工误差。

（二）数控编程的基本知识

1. 机床坐标轴

为简化编程和保证程序的通用性，对数控机床的坐标轴和方向命名制订了统一的标准，规定直线进给坐标轴用 X、Y、Z 表示，常称之为基本坐标轴。X、Y、Z 坐标轴的相互关系用右手定则确定，如图 1-0-6 所示，图中拇指的指向为 X 轴的正方向，食指指向为 Y 轴的正方向，中指指向为 Z 轴的正方向。

围绕 X，Y，Z 轴旋转的圆周进给坐标轴分别用 A、B、C 表示，根据右手螺旋定则，如图 1-0-6 所示，以拇指指向 $+X$（$+Y$、$+Z$）方向，则食指、中指等的指向是圆周进给运动的 $+A$（$+B$、$+C$）方向。

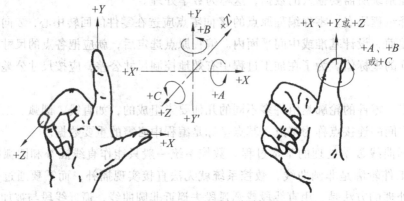

图 1-0-6　机床坐标轴

机床坐标轴方向取决于机床类型和各组成部分的布局，对于车床而言（见图 1-0-7）：

Z 轴：与主轴轴线重合，沿着 Z 轴正方向移动将增大零件和刀具间的距离。

X 轴：垂直于 Z 轴，对应于转塔刀架的径向移动，沿着 X 轴正方向移动将增大零件和刀具间的距离。

Y 轴：（通常是虚设的）与 X 轴和 Z 轴一起构成遵循右手定则的坐标系统。

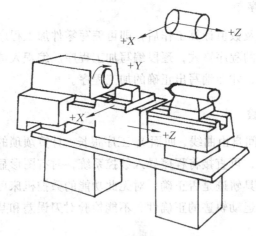

图 1-0-7　车床坐标轴及其方向

2. 机床坐标系、零点和参考点

机床坐标系是机床固有的坐标系，机床坐标系的原点称为机床原点或机床零点。在机床经过设计、制造和调整后，这个原点便被确定下来，作为固定点，如图 1-0-8 所示。

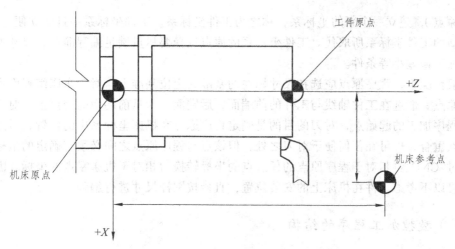

图 1-0-8 机床原点及机床参考点

数控装置工作时并不知道机床零点，为了正确地在机床工作时建立机床坐标系，通常在每个坐标轴的移动范围内设置一个机床参考点（测量起点）。机床启动时，通常要进行自动或手动回参考点，以建立机床坐标系。

机床参考点可以与机床零点重合，也可以不重合，通过参数指定机床参考点到机床零点的距离。

机床回到了参考点位置，也就知道了该坐标轴的零点位置，找到所有坐标轴的参考点，CNC 就建立了机床坐标系。机床坐标轴的机械行程是由最大和最小限位开关来限定的。机床坐标轴的有效行程范围是由软件限位来界定的，其值由制造商定义。机床零点（O_M）、机床参考点（O_m）、机床坐标轴的机械行程及有效行程的关系如图 1-0-9 所示。

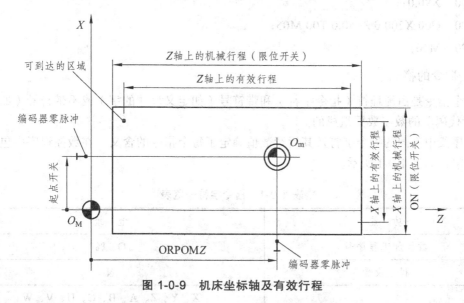

图 1-0-9 机床坐标轴及有效行程

3. 工件坐标系、程序原点和对刀点

工件坐标系是编程人员在编程时使用的，编程人员选择工件上的某一已知点为原点（也

13

称程序原点），建立一个新的坐标系，称之为工件坐标系。工件坐标系一旦建立便一直有效，直到被新的工件坐标系所取代。工件坐标系的原点选择要尽量满足编程简单、尺寸换算少、引起的加工误差小等条件。

一般情况下，程序原点应选在尺寸标注的基准或定位基准上。对于车床编程而言，工件坐标系原点一般选在工件轴线与工件的前端面、后端面、卡爪前端面的交点上。对刀点是数控加工程序加工的起始点，对刀的目的是确定程序原点在机床坐标系中的位置，对刀点可与程序原点重合，也可在任何便于对刀之处，但该点与程序原点之间必须有确定的坐标联系。可以通过 CNC 将相对于程序原点的任意点的坐标转换为相对于机床零点的坐标。因此，编程人员可以不考虑工件在机床上的安装位置，直接按图样尺寸进行编程。

（三）数控加工程序的结构

一个完整的数控加工程序可分为程序号、程序段、程序结束指令等几部分。下面为一个完整的数控加工程序。

O1001;	（程序号）
N10　G00 X150.0 Z150.0 T0101;	（建立工件坐标系，选择 T01 号刀）
N20　G96 S150 M03;	（恒线速设定，主轴正转）
N30　G00 X20.0 Z6.0;	（快速定位到起刀点）
N40　G01 Z-30.0 F0.25;	
N50　X50.0;	
N60　X60.0 Z-70.0;	
N70　X90.0;	
N80　G00 X200.0 Z150.0 T00 M05;	
N90　M30;	

1. 指令的格式

一个指令是由地址符（指令字符）和带符号（如定义尺寸的字）或不带符号（如准备功能字 G 代码）的数字数据组成的。

程序段中不同的指令字符及其后续数值确定了每个指令的含义，在数控程序中包含的主要指令字符如表 1-0-1 所示。

表 1-0-1　指令字符一览表

功　　能	地　　址
数控加工程序号	O、%
程序段号	N
尺寸字	X、Y、Z、A、B、C、U、V、W
	R
	I、J、K

功　能	地　址
进给速度	F
主轴功能	S
刀具功能	T
辅助功能	M
补偿号	D
暂停	P、X
程序号的指定	P
重复次数	L
参数	P、Q、R、U、W
倒角控制	C、R

2. 程序段的组成

一个程序段表示一个完整的加工工步或动作。程序段由程序段号、若干程序字和程序段结束符号组成。

程序段号 N 又称程序段名，由地址 N 和数字组成。数字大小的顺序不表示加工或控制顺序，只是程序段的识别标记。在编程时，数字大小可以不连续，也可以颠倒，也可以部分或全部省略。但一般习惯按顺序并以 5 或 10 的倍数编程，以备插入新的程序段。

程序字由一组排列有序的字符组成，如 G00、G01、X120、M02 等，表示一种功能指令。每个"字"是控制系统的具体指令，由一个地址文字（地址符）和数字组成，字母、数字、符号统称为字符。例如，X250 为一个字，表示 X 向尺寸为 250 mm；F200 为一个字，表示进给速度为 200 mm/min（具体值由规定的代码方法决定）。每个程序段由按照一定顺序和规定排列的"字"组成。

程序段末尾的"；"为程序段结束符号，有时也用"LF"表示程序段结束。

3. 程序段的格式

程序段格式指程序中的字、字符、数据的安排规则。不同的数控系统往往有不同的程序段格式，格式不符合规定，数控系统便不能接受，则程序将不被执行而出现报警提示，故必须依据该数控装置的指令格式书写指令。

程序段的格式可分为固定顺序程序段格式、分隔符程序段格式和可变程序段格式。数控机床发展初期采用的固定顺序程序段格式以及后来的分隔符程序段格式，现已不用或很少使用。最常用的是地址可变程序段格式，简称字地址程序格式。其形式如下：

N___ G___ X___ Y___ Z___ … F___ S___ T___ M___；

例：N10 G01 X40.0 Z0 F0.2；

其中，N 为程序段地址码，用于指令程序段号；G 为指令动作方式的准备功能地址，G01 为直线插补指令；X 为坐标轴地址，后面的数字表示刀具移动的目标点坐标；F 为进给量指令地址，后面的数字表示进给量。

在程序段中除程序段号与程序段结束字符外，其余各字的顺序并不严格，可先可后，但为了便于编写，习惯上可按 N、G、X、Y、Z…F、S、T、M 的顺序编程。

字地址程序格式具有程序简单、可读性强、易于检查的特点。程序段的长短随字数和字长（位数）都是可变的，一个程序段中字的数目与字的位数（字长）可按需给定，不需要的代码字以及与上段相同的续效字可以不写，使程序简化、缩短。现代数控机床中广泛采用这种格式。

4. 程序指令分类

（1）G 功能。G 指令是使数控机床建立起某种加工指令方式，如规定刀具和工件的相对运动轨迹（即规定插补功能）、刀具补偿、固定循环、机床坐标系、坐标平面等多种加工功能。数控车削加工 G 代码的主要内容如表 1-0-2 所示。

表 1-0-2　G 功能

G 代码	组　别	功　能
G00	01	点定位
G01	01	直线插补
G02	01	顺时针圆弧插补
G03	01	逆时针圆弧插补
G04	00	暂停
G20	06	英制输入
G21	06	公制输入
G28	00	参考点返回
G32	01	加工螺纹
G40	07	刀具补偿、刀具偏置注销
G41	07	刀尖半径补偿（左）
G42	07	刀尖半径补偿（右）
G50		坐标系设定，限制主轴最高转速
G65	00	宏程序指令
G70	00	精车循环
G71	00	外径粗车复合循环
G72	00	端面粗车复合循环
G73	00	封闭粗车复合循环

G 代码	组 别	功 能
G74	00	钻孔加工切削循环
G75	00	车槽复合循环
G76	00	螺纹切削复合循环
G90	01	外径切削循环
G92	01	螺纹切削循环
G94	01	端面切削循环
G96	02	恒线速度控制
G97	02	恒转速度控制
G98	03	每分钟进给量
G99	03	每转进给量

（2）辅助功能。辅助功能也称 M 功能，它用于控制零件程序的走向，并用来指定机床辅助动作及状态。它是由字母 M 及其后面的数字组成的，其特点是靠继电器的通断来实现控制过程。辅助功能代码及其功能如表 1-0-3 所示。

表 1-0-3　辅助功能代码及其功能

代 码	模 态	功能说明	代 码	模 态	功能说明
M00	非模态	程序停止	M09	模态	切削液关
M02	非模态	程序结束	M10	模态	尾座进
M03	模态	主轴正转	M11	模态	尾座退
M04	模态	主轴反转	M30	非模态	程序结束
M05	模态	主轴停止	M98	非模态	调用子程序
M08	模态	切削液开	M99	非模态	子程序结束

（3）主轴功能（S 功能）。主轴功能控制主轴转速，其后的数值表示主轴转速的数值，单位为 r/min。在使用恒线速度功能时（G96），S 指令为切削线速度，单位为 m/min。

（4）刀具功能（T 功能）。刀具功能也称 T 功能，它是由地址符 T 和后续数字组成的。例如，T0101 表示选择 01 号刀并调用 01 号刀具补偿值。当一个程序段中同时指定 T 代码与刀具移动指令时，则先执行 T 代码指令选择刀具，然后执行刀具移动指令。

（5）进给功能（F 功能）。进给功能也称 F 功能，F 指令表示坐标轴的进给速度，它的单位取决于 G98 或 G99 指令。G98 表示每分钟进给量，单位为 mm/min；G99 表示每转进给量，单位为 mm/r。F 指令为模态指令。

项目一　数控车床加工基本操作

任务一　数控车床基本操作

一、任务导入

数控车床与普通车床最大的区别是多了个操作面板。在数控车床上主要是通过按键操作来完成加工工作的，因此本任务是熟悉数控车床的操作面板，掌握数控车床的基本操作方法。

二、相关知识

（一）数控车床（GSK980TD 系统）操作面板按键介绍

下面以广州数控 GSK980TD 系统为例介绍，广州数控 GSK980TD 系统在我国学校、企业普及范围较广，系统可靠性好、易操作。其操作面板如图 1-1-1 所示。

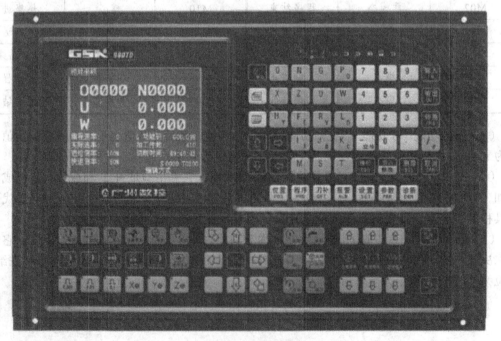

图 1-1-1　GSK980TD 系统操作面板

1. 面板划分

GSK980TD 系统采用集成式操作面板，共分为 LCD（液晶显示）区、状态指示区、编辑键盘区、页面显示方式区、机床控制显示等几大区域，如图 1-1-2 所示。

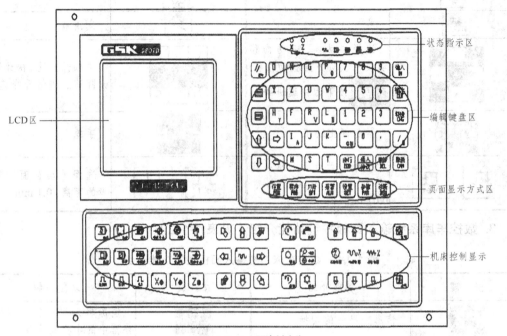

图 1-1-2　面板划分

2. 机床操作面板按键功能介绍（见表 1-1-1）

表 1-1-1　机床操作面板按键功能介绍

按　键	功能介绍	按　键	功能介绍
	编辑：用于直接通过操作面板输入数控程序和编辑程序		自动：进入自动加工模式
	录入：手动数据输入		回零：回参考点
	单步：手摇脉冲方式		手动：手动方式，手动连续移动刀具
	循环启动		循环停止
	单程序段		机床锁住
	辅助功能锁定		空运行
	手轮 X 轴选择		手轮 Z 轴选择
	手动机床主轴正转		手动关机床主轴

按　键	功能介绍	按　键	功能介绍
	手动机床主轴反转		换刀具
	冷却液		润滑液
	选择移动轴、正方向移动按钮、负方向移动按钮　按下为快速进给		主轴升降速、快速进给升降速、进给升降速。
	紧急停止按钮		手轮
	选择手动台面时每一步的距离：0.001 mm、0.01 mm		选择手动台面时每一步的距离：0.1 mm、1 mm

3. 数控车库系统输入面板按键功能介绍（见表 1-1-2）

表 1-1-2　数控车床系统输入面板按键功能介绍

按　键	功能介绍	按　键	功能介绍
转换 CHG	信息、显示的切换	取消 CAN	消除输入到键输入缓冲寄存器中的字符或符号
删除 DEL	用于程序的删除	修改 ALT	用于程序的修改
//	复位键，解除报警，CNC复位	输入 IN	输入键，用于输入参数、补偿量等数据
插入 INS	用于程序插入的编辑	输出 OUT	输出键
报警 ALM	显示报警信息	设置 SET	显示和设置各种参数、参数开关及程序开关
参数 PAR	显示设定参数	诊断 DGN	显示各种诊断数据
	使LCD画面按逆方向更换		使LCD画面按顺方向更换
⇧	使光标向上移动一个区分单位	⇩	使光标向下移动一个区分单位
换行 EOB	程序段的结束	刀补 OFT	显示和设定补偿量和宏变量，共有两项：[偏置]、[宏变量]
位置 POS	按该键，CRT 显示现在的位置，共有 4 页：[相对]、[绝对]、[总和]、[位置/程序]，通过翻页键转换	程序 PRG	程序的显示、编辑等，共有 3 页：[MDI/模]、[程序]、[目录/存储量]

（二）基本操作

1. 回零操作

（1）按下回参考点方式键 ⟐，选择回参考点操作方式，这时液晶屏幕右下角显示[机械回零]。

（2）按下手动轴向运动开关 +Z +X ，可回参考点。

（3）返回参考点后，返回参考点指示灯 ⟐ 亮。

注意：

① 返回参考点结束时，返回参考点结束指示灯亮。

② 返回参考点结束指示灯亮时，在下列情况下灭灯。

a. 从参考点移出时。

b. 按下急停开关时。

③ 参考点方向主要参照数控车床厂家的说明书。

2. 手动返回程序起点

（1）按下返回程序起点键 ⟐，选择返回程序起点方式，这时液晶屏幕右下角显示[程序回零]。

（2）选择移动轴。机床沿着程序起点方向移动，回到程序起点时，坐标轴停止移动，有位置显示的地址[X]、[Z]、[U]、[W]闪烁，返回程序起点指示灯 ⟐ 亮。程序回零后，自动消除刀偏。

3. 手动连续进给

（1）按下手动方式键 ⟐，选择手动操作方式，这时液晶屏幕右下角显示[手动方式]。

（2）选择移动轴，机床沿着选择轴方向移动。

（3）调节 JOG 进给速度。

（4）快速进给。按下快速进给键时，同带自锁的按钮进行"开→关→开……"切换，当为"开"时，位于面板上部指示灯亮；当为"关"时，指示灯灭。选择为"开"时，手动以快速进给，刀具在已选择的轴方向上快速进给。

4. 手轮进给

转动手摇脉冲发生器，可以使机床微量进给。

（1）按下手轮方式键 ⟐，选择手轮操作方式，这时液晶屏幕右下角显示[手轮方式]。

（2）选择手轮运动轴。在手轮方式下，按下相应的键 X⊙ Z⊙ 。

（3）转动手轮 ⟐。

（4）选择移动量。按下增量，选择移动增量，相应在屏幕左下角显示[移动增量]。

（5）按下移动量选择开关 ⌐0.001 ⌐0.01 ⌐0.1 。

注意：

① 手摇脉冲发生器的速度要低于 5 r/s。如果超过此速度，即使手摇脉冲发生器回转结束，也不能立即停止，因此会出现刻度和移动量不符。

② 在手轮方式下，按键有效，所选手轮轴的地址[U]或[W]闪烁。

5．手动操作

（1）手动换刀。手动/手轮方式下，按下此键 ⬚，刀架旋转换下一把刀（参照数控车床厂家的说明书）。

（2）冷却液开关。手动/手轮方式下，按下此键 ⬚，同带自锁的按钮进行"开→关→开……"切换。

（3）润滑液开关。手动/手轮方式下，按下此键 ⬚，同带自锁的按钮进行"开→关→开……"切换。

（4）主轴正转。手动/手轮方式下，按下此键 ⬚，主轴正向转动起动。

（5）主轴反转。手动/手轮方式下，按下此键 ⬚，主轴反向转动起动。

（6）主轴停止。手动/手轮方式下，按下此键 ⬚，主轴停止转动。

（7）主轴倍率增加、减少键（选择主轴模拟机能时）⬚。

增加：按一次增加键，主轴倍率从当前倍率以下面的顺序增加一挡；
　　　　50%→60%→70%→80%→90%→100%→110%→120%…

减少：按一次减少键，主轴倍率从当前倍率以下面的顺序递减一挡。
　　　　120%→110%→100%→90%→80%→70%→60%→50%…

注意：相应倍率变化在屏幕左下角显示。

（8）面板指示灯。回零完成灯 ⬚：返回参考点后，已返回参考点轴的指示灯亮，移出零点后灯灭。

快速灯、单段灯、机床锁、辅助锁、空运行键为 ⬚。

6．MDI 运转

从 LCD/MDI 面板上输入一个程序段的指令，并可以执行该程序段。

例：M03 S400；

（1）按[翻页]按钮后，左上方显示有"程序段值"的画面，如图 1-1-3 所示。

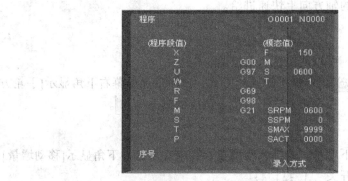

图 1-1-3　MDI 输入界面

（2）输入 M03。

（3）按 IN 键，M03 输入被显示出来。按 IN 键之前，发现输入错误，可按 CAN 键，然后再次输入 X 和正确的数值。

（4）输入 S400。

（5）按 IN 键，S400 被输入并显示出来。

（6）按循环启动键。

7. 自动运行、停止

（1）自动运行。

① 选择自动方式。

② 选择程序。

③ 按操作面板上的循环启动按钮。

（2）自动运行的停止。

使自动运转停止的方法有两种：一是用程序事先在要停止的地方输入停止命令；二是按操作面板上按钮使之停止。

① 程序暂停（M00）。

含有 M00 的程序段执行后，停止自动运转，与单程序段停止相同，模态信息全部被保存起来。用 CNC 启动，能再次开始自动运转。

② 程序结束（M30）。

a. 表示主程序结束。

b. 停止自动运转，变成复位状态。

c. 返回到程序的起点。

③ 复位。

用 LCD/MDI 上的复位键 ，使自动运转结束，变成复位状态。在运行中如果进行复位，则机械减速停止。

8. 试运行

（1）全轴机床锁住。

机床锁住开关 为 ON 时，机床不移动，但位置坐标的显示和机床运动时一样，并且 M、S、T 都能执行。此功能用于程序校验。

按一次此键，同带自锁的按钮进行"开→关→开⋯⋯"切换。当为"开"时，指示灯亮；当为"关"时，指示灯灭。

机床锁住灯键为 。

（2）辅助功能锁住。

如果机床操作面板上的辅助功能锁住开关 置于 ON，M、S、T 代码指令不执行，与机床锁住功能一起用于程序校验。

注意：M00、M30、M98、M99 按常规执行。

9. 空运行

当空运行开关 为 ON 时，不管程序中如何指定进给速度，都以表 1-1-3 中的速度运动。

表 1-1-3　空运行方式下机床进给状态

手动按键状态	程序指令进给状态	
	快速进给	切削进给
手动快速进给按钮 ON（开）	快速进给	JOG 进给最高速度
手动快速进给按钮 OFF（关）	JOG 进给速度或快速进给	JOG 进给速度

10. 单段运行

当单段开关 ▣ 置于 ON 时，单段灯亮，执行程序的一个程序段后，停止。如果再按循环启动按钮，则执行完下一个程序段后，停止。

11. 急　停

按下急停按钮 ◉ ，使机床移动立即停止，并且所有的输出（如主轴的转动、冷却液等）也全部关闭。急停按钮解除后，所有的输出都需重新启动。

一按急停按钮，机床就能锁住，解除的方法是旋转后解除。

注意：

① 急停时，电机的电源被切断。

② 在解除急停以前，要消除机床异常的因素。

12. 超　程

如果刀具进入了由参数规定的禁止区域（存储行程极限），则显示超程报警，刀具减速后停止。此时用手动，把刀具向安全方向移动，按复位按钮，解除报警。

任务二　数控车床对刀操作

一、任务导入

对刀操作是操作数控车床的基础，是数控编程与加工的第一步。本任务要求学生熟悉数控车床的机械回零、工件装夹、刀具装夹等操作的方法；并掌握试切法对刀和 MDI 对刀验证。

二、任务分析

该任务主要训练外圆车刀、切槽刀和螺纹刀 3 种车刀的对刀，同时还包括对机床的操作、对机床的坐标系统以及工件和刀具的装夹等内容。训练的目的是通过正确的对刀操作建立刀补，并在 MDI 方式下进行刀补验证。

三、相关知识

（一）试切法对刀

（1）开机，手动回零完成。

（2）选择 MDI▣的位置（录入方式），按[程序]键，进入程序录入界面，录入"M03"、"输入"、"S400"、"输入"、"循环启动"，主轴正转。

（3）选择手轮方式，使 1 号刀（外圆车刀）处于加工位置。

（4）用手轮移动坐标轴外圆车刀平工件端面，如图 1-2-1、图 1-2-2 所示。

图 1-2-1 外圆车刀切入端面

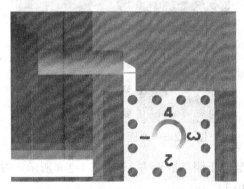

图 1-2-2 外圆车刀平工件端面

（5）沿 X 轴退刀，如图 1-2-3 所示。

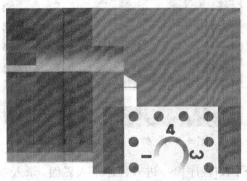

图 1-2-3 外圆车刀沿 X 轴退刀

（6）在 MDI ▣ 方式下，按[程序]键，进入程序录入界面，录入"G50"、"输入"、"Z0"、"输入"、"循环启动"，如图 1-2-4 所示。

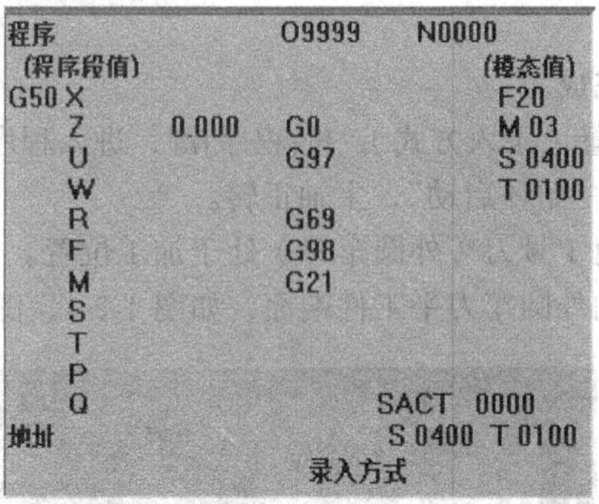

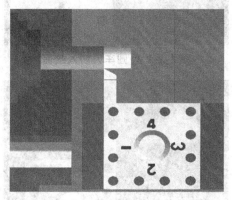

图 1-2-4　MDI 方式下录入界面

（7）选择手轮方式，用手轮移动坐标轴外圆车刀车工件外圆，如图 1-2-5 所示。

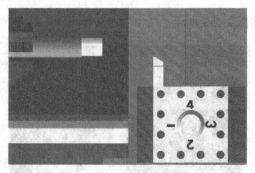

图 1-2-5　外圆车刀车工件外圆

（8）沿 Z 轴退刀（退至便于测量的地方），如图 1-2-6 所示。按下主轴停转键，并测量所车外圆直径 X 值，如 $X = 39.13$。

图 1-2-6　外圆车刀沿 Z 轴退刀

（9）在 MDI ▣ 方式下，按[程序]键，进入程序录入界面，录入"G50"、"输入"、"X39.13"、"输入"、"循环启动"，如图 1-2-7 所示。

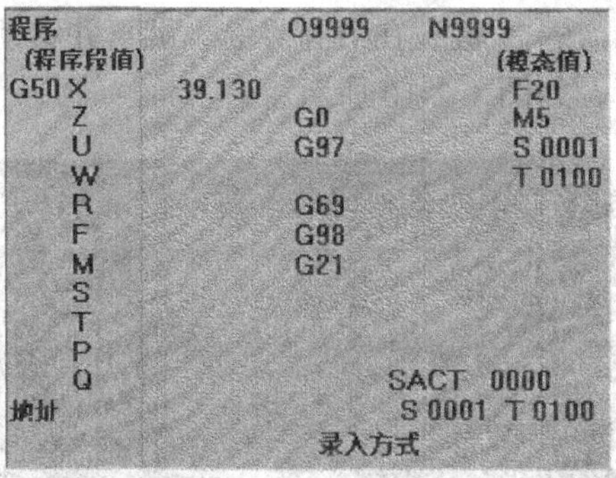

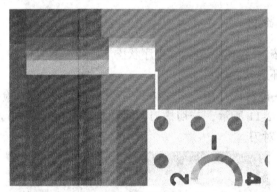

```
程序                    O9999      N9999
 （程序段值）                        （模态值）
G50 X      39.130                  F20
    Z                 G0          M5
    U                 G97         S 0001
    W                             T 0100
    R
    F                 G69
    M                 G98
    S                 G21
    T
    P
    Q
                               SACT  0000
地址                            S 0001 T 0100
                  录入方式
```

图 1-2-7　MDI 方式下 X 轴录入

（10）对刀完成。

（二）多把刀对刀

（1）重复试切法对刀过程，以 1 号刀为基准刀。由于外圆车刀结构特征和刀杆强度都较适合平端面，因此，一般选 90°外圆车刀作为基准刀。

（2）选择手轮方式，刀架台移至安全换刀位置，更换 2 号刀（切槽刀），按下主轴正转键。

（3）用手轮方式，移动坐标轴 2 号刀刀尖轻碰工件端面，如图 1-2-8 所示。

图 1-2-8　切槽刀刀尖轻碰工件端面

（4）沿 X 轴退刀，如图 1-2-9 所示，主轴停止。

图 1-2-9　切槽刀沿 X 轴退刀

（5）在 MDI ![img]方式下，按 ![img] 键，在刀补界面，翻页并移动光标至 102，录入（注意选择录入方式）"Z0"、"输入"，如图 1-2-10 所示。

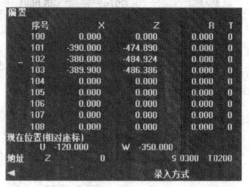

图 1-2-10　切槽刀 Z 轴对刀录入

（6）再次选择手轮方式，用手轮移动坐标轴，再车工件外圆（车至可以测量的长度）。

（7）沿 Z 轴退刀（退至便于测量的地方），按下主轴停转键，并测量所车外圆直径 D。

（8）在刀补界面，翻页并移动光标至 102，录入（注意选择录入方式）"XD"、"输入"。

（9）重复（2）~（8）的过程，完成 3 号刀的对刀，以此类推完成其他刀的对刀。

（三）MDI 对刀验证

（1）按 ![img] 键，再按[录入]键，进入"程序状态"界面。如要检查 2 号刀的对刀是否正确，输入"T0202"，按[循环启动]键。

（2）输入"G00"、再输入"X0"、"Z100"，按[循环启动]键，检查刀尖所在的位置是否在"X0 Z100"。如图 1-2-11 所示，若切槽刀刀尖能准确定位到"X0 Z100"，说明对刀准确；否则对刀错误，要重新对刀。

图 1-2-11　切槽刀对刀验证

（3）用相同的方法验证其他刀位的车刀对刀是否正确。

（4）所有刀具对刀后，都要求对刀验证。

（四）修改刀补值

1. X 向的修改

若 1 号刀加工出的外圆或内孔直径大了 δ，则进入刀补界面，录入方式，翻至 001，录入

"U-δ"、"输入"；若2号刀加工出的外圆或内孔直径大了δ，则翻至002，录入"U-δ"、"输入"，以此类推。

若1号刀加工出的外圆或内孔直径小了δ，则进入刀补界面，录入方式，翻至001，录入"Uδ"、"输入"；若2号刀加工出的外圆直径小了δ，则翻至002，录入"Uδ"、"输入"，依此类推。

2. Z向的修改

若1号刀加工出的台阶长了δ，则进入刀补界面，录入方式，翻至001，录入"Wδ"、"输入"；若2号刀加工出的台阶长了δ，则翻至002，录入"Wδ"、"输入"，以此类推。

若1号刀加工出的台阶短了δ，则进入刀补界面，录入方式，翻至001，录入"W-δ"、"输入"；若2号刀加工出的台阶长了δ，则翻至002，录入"W-δ"、"输入"，以此类推。

（五）编程原点的设置

各车刀都已对好后，此时工件装夹的悬伸长度发生了变化，则需要重新设置编程原点。步骤如下：

（1）掉电。

（2）开机。

（3）在手轮或手动方式下，选择1号刀处于加工位置。

（4）主轴正转。

（5）移动坐标轴，让1号刀轻碰工件端面。

（6）沿X轴退刀。

（7）进入程序录入界面，录入"G50"、"输入"、"Z0"、"输入"、"循环启动"。

四、任务准备

设备、毛坯、刀具及工量具要求如表1-2-1所示。

表 1-2-1 设备、材料及工量具清单

序 号	名 称	规 格	数 量	备 注
设 备				
1	数控车床	CNC6136，配三角自定心卡盘	1台/3人	
耗 材				
1	棒料	铝，$\phi 25$ mm×50 mm	1根/人	
刀 具				
1	T01	外圆车刀，高速钢	1把/车床	
2	T02	螺纹刀，高速钢	1把/车床	
3	T03	切槽刀，高速钢	1把/车床	

序 号	名 称	规 格	数 量	备 注
量 具				
1	钢 尺	0～200 mm	1 把/车床	
2	游标卡尺	0～150 mm（分度 0.02 mm）	1 把/车床	
3	千分尺	25～50 mm（分度 0.01 mm）	1 把/车床	
工 具				
1	毛 刷		1 把/车床	
2	开口扳手		1 把/车床	
3	六角扳手		1 把/车床	

五、任务小结

对刀训练要严格按照要求操作、录入数据。对刀后，认真检查对刀结果是否正确。对刀过程中，刀具刀尖安装的高度（4 工位机床）、量具测量结果的读取等因素也会对对刀结果产生影响。

从开始就要养成安全操作、文明生产的习惯。训练的同时还应掌握工件和刀具的安装，游标卡尺、千分尺等量具的使用。

项目二 零件轮廓车削加工

任务三 外圆及端面精加工车削

一、任务导入

本任务通过编写一个简单零件的轮廓精加工及切断程序，体验数控车削加工的全过程，并通过实际加工学习机床操作、刀具、工具、切削参数、程序编制及零件加工等一系列知识。任务零件图如图 1-3-1 所示。

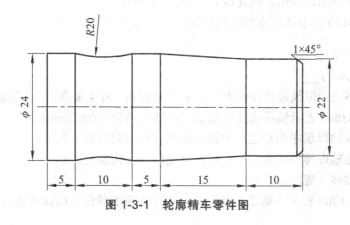

图 1-3-1 轮廓精车零件图

二、任务分析

本任务的目的是通过编写零件的端面、外圆精加工程序，学习以下知识和技能：
（1）程序的结构，数控编程的方法和步骤。
（2）基本指令 G00、G01、G02、G03 和 F 指令、S 指令、T 指令及 M 指令。
（3）零件精加工走刀路线、合理的工艺方案、切削参数和编制加工程序。

三、相关知识

（一）绝对值编程 G90 与相对值编程 G91

G90：绝对值编程，每个编程坐标轴上的编程值是相对于程序原点的。

G91：相对值编程（增量编程），每个编程坐标轴上的编程值是相对于前一位置而言的，该值等于沿轴移动的距离。

绝对编程时，用 G90 指令后面的 X、Z 表示 X 轴、Z 轴的坐标值；增量编程时，用 U、W 或 G91 指令后面的 X、Z 表示 X 轴、Z 轴的增量值。

G90、G91 为模态指令，可相互注销，G90 为缺省值。

（二）T 指令

T 代码用于选刀，其后的四位数字分别表示选择的刀具号和刀具补偿号。如 T0203 中，02 表示选择刀架中的 02 号刀位，03 表示选择 03 补偿号为 02 号刀位的刀具偏置补偿值。

（三）主轴控制指令：S、M03、M04、M05

主轴功能 S 控制主轴速度，其后的数值表示主轴转速，单位为 r/min。

1. 恒线速控制

指令格式：G96 S___；

S 后面的数字表示的是恒定线速度，单位为 m/min。

例如，G96 S150 表示切削点线速度控制在 150 m/min。

2. 恒线速取消

指令格式：G97 S___；

S 后面的数字表示恒线速度控制取消后的主轴转速，如 S 未指定，将保留 G96 的最终值。

例如，G97 S3000 表示恒线速控制取消后主轴转速为 3 000 r/min。

M03：启动主轴以程序中指定的主轴速度顺时针方向旋转。

M04：启动主轴以程序中指定的主轴速度逆时针方向旋转。

M05：使主轴停止旋转。

例如，M03 S1000 表示主轴以 1 000 r/min（默认速度单位）的速度正转。

（四）F 指令

F 指令表示加工时刀具相对于工件的合成进给速度，F 的单位取决于 G94（每分钟进给量，单位为 mm/min）或 G95（主轴每转一周刀具的进给量，单位为 mm/r）。G94 为默认方式，如 F200 表示刀具移动的进给速度为 200 mm/min。

1. 每转进给量

指令格式：G95 F___；

指令说明：F 后面的数字表示的是主轴每转进给量，单位为 mm/r。

例如，G95 F0.2 表示进给量为 0.2 mm/r。

2. 每分钟进给量

指令格式：G94 F___；

指令说明：F 后面的数字表示的是每分钟进给量，单位为 mm/min。

例如，G94 F100 表示进给量为 100 mm/min。

当工作在 G01、G02 或 G03 方式下时，编程指定的 F 值一直有效，直到被新的 F 值所取代；而工作在 G00 方式下时，快速定位的速度是各轴的最高速度，与编程指定的 F 值有关。

借助机床控制面板上的倍率按键，F 指令可在一定范围内进行倍率修正调整。当执行螺纹切削指令 G32、G92 和 G76 时，倍率开关失效，进给倍率固定在 100%。

（五）直径方式和半径方式编程

G36：直径编程，默认方式。

G37：半径编程。

数控车床的工件外形通常为旋转体，其 X 轴尺寸可以用两种方式加以指定，即直径方式和半径方式。G36 为缺省值，机床出厂一般设定为直径编程。

（六）快速点定位（G00）

快速点定位指令控制刀具以点位控制的方式快速移动到目标位置，其移动速度由参数来设定。指令执行开始后，刀具沿着各个坐标方向同时按参数设定的速度移动，最后减速到达终点。

注意：在各坐标方向上有可能不是同时到达终点。刀具移动轨迹是几条线段的组合，不是一条直线。例如，在 FANUC 系统中，运动总是先沿 45°角的直线移动，最后再在某一轴单向移动至目标点位置，编程人员应了解所使用的数控系统刀具的移动轨迹情况，以避免加工中可能出现的碰撞。

指令格式：G00 X（U）___ Z（W）___ ;

指令说明：X、Z 的值是快速点定位的终点坐标值。

（七）G01 直线插补指令

指令格式：G01 X（U）___ Z（W）___ ;

指令说明：X、Z 为绝对编程时，终点在工件坐标系中的坐标；U、W 为增量编程时，终点相对于起点的位移量；F 为合成进给速度。

G01 指令刀具以联动的方式，按 F 规定的合成进给速度从当前位置按线性路线（联动直线轴的合成轨迹为直线）移动到段指令的终点。如 G90 G01 X27.0 Z2.0 F100，表示刀具按 100 mm/min 的速度从当前位置沿直线移动到 X27.0 Z2.0 的坐标位置。

G01 是模态代码，可由 G00、G02、G03 或 G32 功能注销。

（八）G02/G03 圆弧插补指令

指令格式：G02/G03 X（U）___ Z（W）___ R___ F___ ;

指令说明：G02 为顺时针圆弧插补指令，指定刀具沿顺时针圆弧轨迹移动到指定位置。如 G02 X24.0 Z-10.0 R10 F100，表示刀具按 100 mm/min 的进给速度从当前位置沿顺时针圆弧轨迹移动到 X24.0 Z-10.0 的坐标位置，该顺时针圆弧半径为 10 mm。G03 为逆时针圆弧插补指令，指定刀具沿逆时针圆弧轨迹移动到指定位置。如 G03 X24.0 Z-10.0 R10 F100，表示刀具按 100 mm/min 的进给速度从当前位置沿逆时针圆弧轨迹移动到 X24.0 Z-10.0 的坐标位置，该逆时针圆弧半径为 10 mm。X、Z 为绝对编程时，圆弧终点在工件坐标系中的坐标；U、W 为增量编程时，圆弧终点相对于圆弧起点的位移量；R 为圆弧半径；F 为被编程的两个轴的合成进给速度。

（九）M30 与 M02 程序结束指令

M30：程序结束指令。执行到该指令时，程序结束并回到程序开头，等待下一次程序执行操作。

M02：程序结束指令。执行到该指令时，程序结束，如需再次运行程序，需要再次调用程序。

四、任务准备

设备、材料及工量具要求如表 1-3-1 所示。

表 1-3-1　设备、材料及工量具清单

序　号	名　　称	规　　格	数　量	备　注
设　备				
1	数控车床	CNC6136，配三角自定心卡盘	1 台 / 2 人	
耗　材				
1	棒料	铝，φ25 mm×50 mm	1 根 / 人	
刀　具				
1	T01	外圆车刀，高速钢	1 把 / 车床	
2	T02	切槽刀，高速钢	1 把 / 车床	
量　具				
1	钢　尺	0～200 mm	1 把 / 车床	
2	游标卡尺	0～150 mm（分度 0.02 mm）	1 把 / 车床	
工　具				
1	毛　刷		1 把 / 车床	
2	开口扳手		1 把 / 车床	
3	六角扳手		1 把 / 车床	

五、任务实施

（一）工艺分析

1. 工艺方案及加工路线的确定

该任务零件为短轴类零件，轴心线为工艺基准，编程坐标系为零件右端面中心。工件伸出卡盘 40 mm。

工步顺序：精车端面及外圆轮廓，切断。

2. 工艺过程及参数设置（见表 1-3-2）

表 1-3-2　工艺过程及参数设置

序　号	工步内容	刀　具	切削用量			加工余量/mm	备注
			n/(r/min)	F/(mm/min)	A_p/mm		
1	精车端面外径轮廓	T01：外圆车刀	600	100			
2	切　断	T02：切断刀	400	40			

（二）程序编制及解析（见表 1-3-3）

表 1-3-3　程序编制及解析

加工程序	程序解析	备注
O0001；	程序号，O 后跟数字表示程序的开头，数字范围为 0 000～9 999	
G90；	设置绝对值编程方式	
T0101；	选择 1 号刀及 1 号刀偏（外圆车刀）	
M03 G97 S600；	主轴正转，转速为 600 r/min	
G00 X100 Z100；	刀具快速移动到起刀点	
Z2；		
X27；	刀具快速靠近工件	
G00 X0；		
G01 X0 Z0 F100；		
G01 X20 Z0；	端面精车削	
G01 X22 Z-1.0；	端面倒角	
G01 Z-10；	外圆车削	
G01 X24 Z-25；		
G01 X24 Z-30；		
G02 X24 Z-40 R20；		
G01 X24 Z-45；		
G01 X27 Z-45；		
G00 X100 Z100；	刀具快速离开工件	
M05；	主轴停止	

加工程序	程序解析	备注
M00;	暂停	
M03 S400;	设定切断主轴转速	
T0202;	选择切断刀	
G00 Z-49;	刀具快速靠近工件，切断刀宽 4 mm，Z 负向多移动刀宽值	
X27;		
G01 X-1 F40;	切断工件。径向切削工件进给不能过快	
G00 X100;		
Z100;	刀具快速离开工件	
M05;	主轴停止	
M3;	程序结束	

（三）检验考核（见表 1-3-4）

表 1-3-4　任务三考核标准及评分表

姓名		班级			学号		总分	
序号	考核项目	考核内容			配分	评分标准	检验结果	得分
1	加工质量（60分）	外圆	$\phi22$	特征	10分			
			$\phi24$	特征	10分			
		长度	15	特征	10分			
		圆弧	$R20$	特征	10分			
		锥度		特征	10分			
		其他	端面、倒角	形状	10分			
2	工艺与编程（20分）	加工顺序、工装、切削参数等工艺合理（10分）						
		程序、工艺文件编写规范（10分）						
3	职业素养（10分）	着装	按规范着装			每违反一次扣5分，扣完为止		
		纪律	不迟到、不早退、不旷课、不打闹					
		工位整理	工位整洁，机床清理干净，日常维护					
4	文明生产（10分）	按安全文明生产有关规定，每违反一项从中扣5分，发生严重操作失误（如断刀、撞机等）每次从中扣5分，发生重大事故取消成绩。工件必须完整、无局部缺陷（夹伤等），否则扣5分						
	指导教师						日期	

六、任务小结

通过一个简单轮廓加工案例的训练，学习以下知识和技能：

（1）熟悉数控车床的面板、工件装夹、程序编制与录入、对刀、仿真软件使用等。

（2）掌握简单直线与圆弧的编程、切入切出为主的走刀控制法等。

（3）了解数控加工的程序结构、基本 G 指令、基本 M 指令等。

（4）学习游标卡尺、外圆车刀、切断刀的使用。

项目二强化训练题

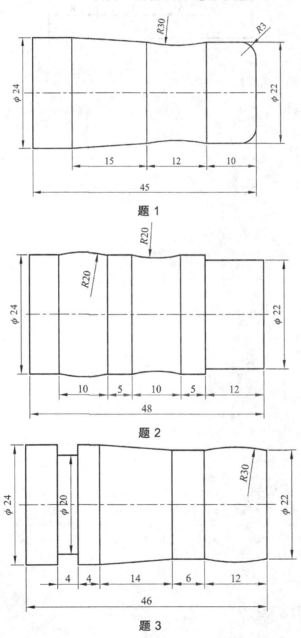

题 1

题 2

题 3

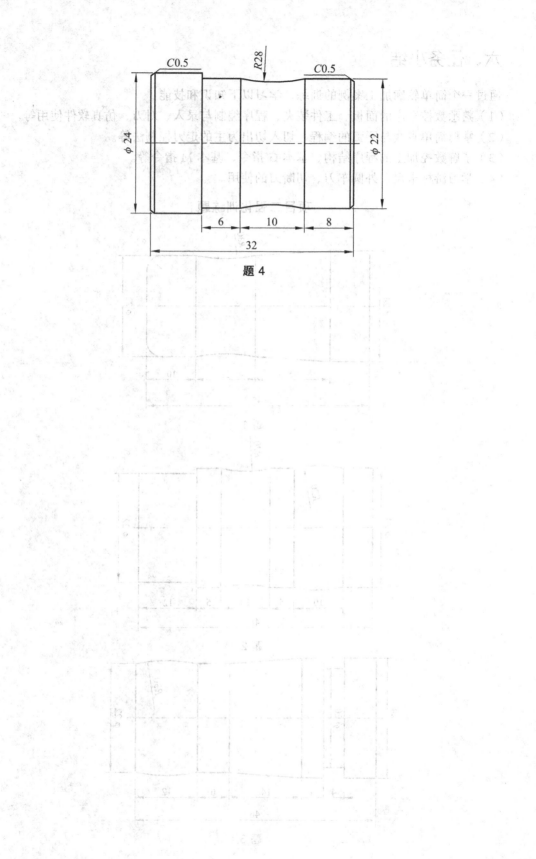

题 4

项目三　轴类零件单头车削加工

任务四　固定循环指令（G90、G94）与粗加工

一、任务导入

什么是车削工艺的粗加工？粗车加工在数控车削中如何实现？粗加工走刀轨迹如何控制？

本任务主要学习简单轮廓数控车削粗加工的刀路编制。该零件具有外圆、槽等特征，如图 1-4-1 所示。

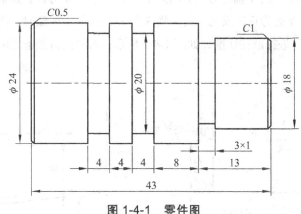

图 1-4-1　零件图

二、任务分析

本任务零件加工不能采用项目二中的做法：仅仅切削一刀就完成零件的最终轮廓加工。真实的加工过程是：从毛坯到最终的零件形状，需要根据不同结构特征选用合适的刀具，控制切削速度、切削深度等参数，分多次走刀来实现。

多次走刀的加工刀路轨迹设计遵循零件加工先粗后精的加工思想。多次走刀轨迹可以通过项目一中的指令 G00、G01、G02、G03 来实现，但编写的走刀程序烦琐冗长。简便的编程方法是使用固定循环指令，适当简化粗加工程序的编写。

三、相关知识

固定循环指令包括轴向切削循环指令 G90、径向切削循环指令 G94、螺纹切削循环指令 G92。本任务主要介绍固定循环指令 G90、G94。

（一）轴向切削循环指令（G90）

指令格式：G90 X（U）___ Z（W）___ F___；（圆柱切削）

G90 X（U）___ Z（W）___ R___ F___；（圆锥切削）

指令功能：从切削点开始，进行径向（X轴）进刀、轴向（Z轴或X、Z轴同时进行）切削，实现柱面或锥面切削循环。

指令说明：G90为模态指令。

切削起点：直线插补（切削进给）的起始位置。

切削终点：直线插补（切削进给）的结束位置。

X为切削终点X轴绝对坐标，单位为mm。

U为切削终点与起点X轴绝对坐标的差值，单位为mm。

Z为切削终点Z轴绝对坐标，单位为mm。

W为切削终点与起点Z轴绝对坐标的差值，单位为mm。

R为切削起点与切削终点X轴绝对坐标的差值（半径值），带方向，如果切削起点的X轴坐标大于终点的X轴坐标，R值为正，反之为负。当R与U的符号不一致时，要求 $|R| \leq |U/2|$ 。当 $R = 0$ 或默认输入时，进行圆柱切削，如图1-4-2所示；否则进行圆锥切削，如图1-4-3所示。

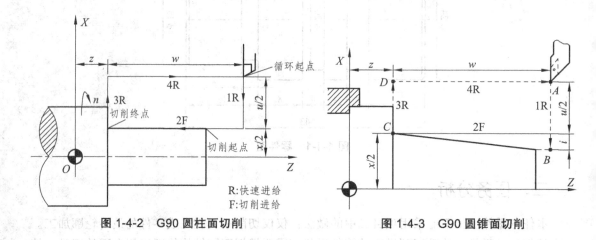

图1-4-2　G90圆柱面切削　　　　　图1-4-3　G90圆锥面切削

循环过程如下：

（1）X轴从起点快速移动到切削起点。

（2）从切削起点直线插补（切削进给）到切削终点。

（3）X轴以切削进给速度退刀，返回到X轴绝对坐标与起点相同处。

（4）Z轴快速移动返回到起点，循环结束。

（二）径向切削循环指令（G94）

径向切削循环是一种单一固定循环。G94可用于直端面或锥端面车削循环。

40

1. 径向直线切削循环（见图 1-4-4）

指令格式：G94 X（U）___ Z（W）___ F___；

指令说明：X、Z 表示端面切削的终点坐标值；U、W 表示端面切削的终点相对于循环起点的坐标。

2. 径向锥度切削循环（见图 1-4-5）

指令格式：G94 X（U）___ Z（W）___ R___ F___；

指令说明：X、Z 表示端面切削的终点坐标值；U、W 表示端面切削的终点相对于循环起点的坐标；R 表示端面切削的起点相对于终点在 Z 轴方向的增量坐标。当起点 Z 轴坐标大于终点 Z 轴坐标时，R 为正，反之为负。

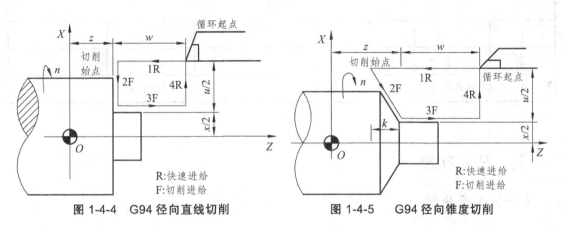

图 1-4-4 G94 径向直线切削   图 1-4-5 G94 径向锥度切削

G94 编程的特点如下：

① G94 走刀路线，X 轴不变，Z 轴变。

② 锥度 R 向 Z 轴正方向进刀为正，向 Z 轴负方向进刀为负。

③ 锥度加工时，定刀点 X 坐标与锥体大端直径相等。

四、任务准备

设备、材料及工量具要求如表 1-4-1 所示。

表 1-4-1 设备、材料及工量具清单

序 号	名 称	规 格	数 量	备 注
		设 备		
1	数控车床	CNC6136，配三角自定心卡盘	1 台/2 人	
		耗 材		
1	棒料	铝，$\phi 25$ mm×60 mm	1 根/人	

序 号	名 称	规 格	数 量	备 注
刀 具				
1	T01	外圆车刀，高速钢	1 把/车床	
2	T02	切断刀，宽 3 mm，高速钢	1 把/车床	
量 具				
1	钢 尺	0～200 mm	1 把/车床	
2	游标卡尺	0～150 mm（分度 0.02 mm）	1 把/车床	
工 具				
1	毛 刷		1 把/车床	
2	开口扳手		1 把/车床	
3	六角扳手		1 把/车床	

五、任务实施

（一）工艺分析

1. 工艺方案及加工路线的确定

该任务零件为短轴类零件，轴心线为工艺基准，编程坐标系设定在零件右端面中心。
工步顺序如下：

（1）粗车外圆轮廓。

（2）车槽。

（3）切断。

2. 工艺过程及参数设置（见表 1-4-2）

表 1-4-2 工艺过程及参数设置

序号	工步内容	刀 具	切削用量			加工余量 /mm	备 注
			n/(r/min)	F/(mm/min)	A_p/mm		
1	粗车外圆轮廓	T01：外圆粗车刀	600	100	1		
2	槽车削	T02：切槽刀	400	40	3		
3	工件切断	T02：切槽刀	400	40	3		

（二）程序编制及解析（见表1-4-3）

表1-4-3　程序编制及解析

加工程序	程序解析	备注
O0001；	程序号	
T0101；	选择1号刀及1号刀偏（外圆车刀）	
M03 G97 S600；	主轴恒转速600 r/min	
G00 X100.0 Z100.0；	快速定位到起刀点	
G00 Z2.0；		
X27.0；	快速靠近工件	
G90 X24.4 Z-45.0 F100；	工件 ϕ 24 mm 外圆粗加工	
G90 X22.0 Z-13.0 F100；		
X20.0；		
X18.0；	工件 ϕ 18 mm 外圆粗加工	
G00 X150.0 Z150.0；	刀具快速离开工件	
M05；	主轴停止	
M00；	暂停	
M03 S400；		
T0202；	选用2号车刀（切断刀，刀刃宽3 mm）	
G00 Z-13.0；	Z轴快速定位	
G01 X26.0 F200；	切断刀强度较差，初学者X轴建议采用G01方式定位	
G94 X16.0 Z-13.0 F40；	槽（3×1）车削	
G00 Z-25.0；	定位到槽上方，注意切槽刀刀位点在左刀尖，Z轴定位时，Z实际坐标＝零件在Z轴长度＋刀宽	
G94 X20.0 Z-25.0 F40；	槽粗车削	
Z-24.0；		
G94 Z20.0 Z-24.0 F40；		
G00 Z-33.0；		
G94 X20.0 Z-33.0 F40；	槽粗车削	
Z-32.0；		
G94 X20.0 Z-32.0 F40；		
G00 X100.0；		
Z100.0；	刀具快速抽离，先抽X轴，再抽离Z轴	
M05；	主轴停止	
M00；	暂停	
M03 S400；		

加工程序	程序解析	备注
G00 Z-46.0;		
G01 X26.0 F200;	刀具定位	
G94 X16.0 Z-46.0 F30;		
X10.0;		
X-1.0;	工件切断	
G00 X150.0;		
Z150.0;	刀具抽离	
M05;	主轴停止	
M30;	程序停止	

（三）检查考核（见表 1-4-4）

表 1-4-4　任务四考核标准及评分表

姓名		班级		学号		总分	
序号	考核项目	考核内容		配分	评分标准	检验结果	得分
1	加工质量（60分）	外圆	ϕ18 IT	4 分			
			ϕ18 Ra	4 分			
			ϕ24 IT	2 分			
			ϕ24 Ra	5 分			
		长度	13 IT	5 分			
			43 IT	8 分			
		槽	3×1	7 分			
			4×2	12 分			
		其他	端面、倒角 形状	13 分			
2	工艺与编程（20分）	加工顺序、工装、切削参数等工艺合理（10分）					
		程序、工艺文件编写规范（10分）					
3	职业素养（10分）	着装	按规范着装	每违反一次扣5分，扣完为止			
		纪律	不迟到、不早退、不旷课、不打闹				
		工位整理	工位整洁，机床清理干净，日常维护				
4	文明生产（10分）	按安全文明生产有关规定，每违反一项从中扣5分，发生严重操作失误（如断刀、撞机等）每次从中扣5分，发生重大事故取消成绩。工件必须完整、无局部缺陷（夹伤等），否则扣5分					
指导教师						日期	

六、任务小结

本任务通过对工件外径粗加工车削、槽车削的训练，理解机械加工的粗、精加工概念及粗、精加工阶段的划分；掌握如何设置粗加工阶段的切削用量和刀具选择。

任务五　三角螺纹车削加工（G32、G92和G76）

一、任务导入

普通螺纹加工在数控车削中如何实现？三角螺纹的数控车削工艺如何实现？螺纹加工走刀轨迹如何控制？

本任务主要学习普通螺纹数控车削加工的刀路编制，包括单线、双线三角螺纹加工刀路，如图1-5-1所示。

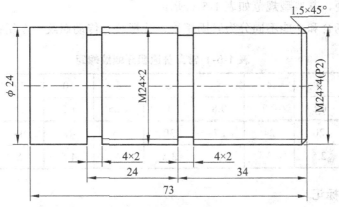

图1-5-1　单线、双线三角螺纹车削零件图

二、任务分析

本任务工件加工顺序是先车削工件外圆，后切削两个螺纹退刀工艺槽，再用螺纹车刀车削单线三角螺纹和双线三角螺纹。在数控车床上加工普通三角形螺纹，选用刀尖角为60°的螺纹车刀。双线三角螺纹加工和单线三角螺纹加工的区别是单线三角螺纹用螺距编程，双线三角螺纹用导程编程。

三、相关知识

（一）螺纹及其车削加工

1. 螺纹介绍及其分类

螺纹主要用于联接与传动，具体可参照以下国家标准：

GB/T 196—2003 普通螺纹基本尺寸；

GB/T 197—2003 普通螺纹公差。

螺纹基本分类如下：

（1）按螺纹母体形状分为圆柱螺纹、圆锥螺纹。

（2）按螺纹在母体所处的位置分为外螺纹、内螺纹。

（3）按螺纹截面形状（牙型）分为三角形螺纹、矩形螺纹、梯形螺纹、锯齿形螺纹及其他特殊形状螺纹。三角形螺纹主要用于联接，矩形、梯形和锯齿形螺纹主要用于传动。

（4）按螺旋线方向分为左旋螺纹、右旋螺纹。

（5）按螺旋线的数量分为单线螺纹、双线螺纹及多线螺纹。单线螺纹多用于联接，双线螺纹和多线螺纹多用于传动。

（6）按螺牙的大小分为粗牙螺纹、细牙螺纹。国家标准 GB/T 193—2003《普通螺纹直径与螺距系列》规范了细牙螺纹和粗牙螺纹的直径（$\phi 1 \sim \phi 300$ mm）与螺距对照。细牙螺纹标记时指明螺距，如 M12×1.5，表示螺纹公称直径（大径）为 12 mm，螺距为 1.5 mm；粗牙螺纹无需指明螺距，其典型规范如表 1-5-1 所示。

（7）按使用场合和功能不同分为紧固螺纹、管螺纹、传动螺纹、专用螺纹等。

表 1-5-1 常见普通粗牙螺纹螺距　　　　　　　　　单位：mm

直径	2	3	4	5	6	8	10	12	14	16
螺距	0.4	0.5	0.7	0.8	1	1.25	1.5	1.75	2	2
直径	18	20	24	27	30	36	42	48	56	64
螺距	2.5	2.5	3	3	3.5	4	4.5	5	5.5	6

2. 普通螺纹标记

国家标准规定的螺纹标注方法中，第一段字母代表螺纹代号，如 M 表示普通螺纹、G 表示非螺纹密封的管螺纹、R 表示用螺纹密封的管螺纹、Tr 表示梯形螺纹等。第二段数字表示螺纹公称直径，也就是螺纹的大径，它表示的是螺纹的最大直径，单位为 mm。后面的符号分别是螺距、中径公差代号、顶径公差代号、旋合长度代号、旋向等。

螺纹标识举例：

（1）M12-6g：M12 表示普通粗牙螺纹大径为 12 mm；6g 表示中径和大径公差均为 6g。

（2）M16×1.5-5g6g-L：M16×1.5 表示普通细牙螺纹大径为 16 mm，螺距为 1.5 mm；5g6g 表示外螺纹中径公差等级为 5g，大径公差等级为 6g；L 表示长旋合长度，省略标注时默认为中等旋合长度。

（3）M24×4（P2）-6G/6h-LH：M24×4（P2）表示普通细牙螺纹大径为 24 mm，螺距为 2 mm，导程为 4 mm，双线螺纹；6G/6h 表示内螺纹中径与小径公差均为 6G，外螺纹中径与大径公差均为 6h；LH 表示左旋螺纹，省略标注时默认为右旋螺纹。

3. 普通螺纹车削加工

在车削螺纹时需注意避免变形、开裂等加工缺陷。加工时使用切削液保证冷却；加工一般要多刀进行,经粗车、精车、光刀修正几个工序。车削螺纹的背吃刀量和次数可参考表1-5-2所示的数据选择。

表 1-5-2 螺纹车削的背吃刀量和次数 单位:mm

公制螺纹							
螺距	1.0	1.5	2.0	2.5	3.0	3.5	4.0
牙深(单边)	0.649	0.974	1.299	1.624	1.949	2.273	2.598
切削次数及吃刀量(直径值) 1 次	0.7	0.8	0.9	1.0	1.2	1.5	1.5
2 次	0.4	0.6	0.6	0.7	0.7	0.7	0.8
3 次	0.2	0.4	0.6	0.6	0.6	0.6	0.6
4 次		0.16	0.4	0.4	0.4	0.6	0.6
5 次			0.1	0.4	0.4	0.4	0.4
6 次				0.15	0.4	0.4	0.4
7 次					0.2	0.2	0.4
8 次						0.15	0.3
9 次							0.2

注意:

① 从螺纹粗加工到精加工,主轴的转速必须保持一常数。

② 在没有停止主轴的情况下,停止螺纹的切削将非常危险;因此,螺纹切削时进给保持功能无效,如果按下进给保持按键,刀具在加工完螺纹后则停止运动。

③ 在螺纹加工中不使用恒定线速度控制功能。

④ 在螺纹加工轨迹中应设置足够的升速进刀段距离和降速退刀段距离,以消除伺服滞后造成的螺距误差。

(二)螺纹切削指令

1. 基本螺纹切削指令 G32

指令格式: G32 X(U)___ Z(W)___ F___;

指令说明: X(U)、Z(W)表示螺纹切削的终点坐标值;X 省略时为圆柱螺纹切削,Z 省略时为端面螺纹切削;X、Z 均不省略时为锥螺纹切削(X 坐标值依据《机械设计手册》查表确定);F 表示螺纹螺距。

螺纹切削应注意在两端设置足够的升速进刀段 δ_1 和降速退刀段 δ_2。

$$\delta_1 = n \times P/400, \quad \delta_2 = n \times P/1\ 800$$

式中,n 为主轴转速,r/min;P 为螺纹导程,mm。

注意: 螺纹切削时主轴应指定恒转速 G97 指令。

2. 螺纹切削循环指令 G92

指令格式： G92 X（U）____ Z（W）____ I___ F___；

指令说明： X（U）、Z（W）表示螺纹切削的终点坐标值；I 表示螺纹部分半径之差，即螺纹切削起始点与切削终点的半径差。加工圆柱螺纹时，I = 0。加工圆锥螺纹时，当 X 轴切削起始点坐标小于切削终点坐标时，I 为负，反之为正。加工轨迹如图 1-5-2 所示。

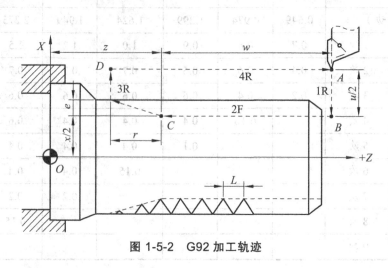

图 1-5-2　G92 加工轨迹

例： 按图 1-5-3 所示的尺寸编写螺纹车削加工程序。

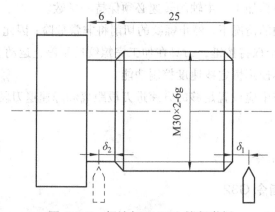

图 1-5-3　螺纹加工 G92 编程举例

（1）相关参数计算：

螺纹牙深 = 0.649 × 螺距 = 0.649 × 2 = 1.29（mm）

进刀段距离：$\delta_1 = n \times P/400 = 200 \times 2/400 = 1$（mm）

退刀段距离：$\delta_2 = n \times P/1\,800 = 200 \times 2/1\,800 = 0.22$（mm）

粗加工走刀次数可参照表 1-5-2 螺纹车削的背吃刀量和次数设定。

（2）程序编制与解析如表 1-5-3 所示。

表 1-5-3　程序编制与解析

加工程序	程序解析	备注
O0001；	程序号	
G90；	设置绝对值编程方式	
M08；	开乳化液	
T0101；	选择 1 号刀及 1 号刀偏（外圆车刀）	
M03 G97 S400；	主轴恒转速为 400 r/min，注意不能用恒线速编程	
G00 X100.0 Z100.0；	快速定位到起刀点	
G00 X32.0 Z2.0；	快速靠近工件	
G92 X29.2 Z-27.0 F2.0；	螺纹车削	
X28.6；		
X28.0；		
X27.6；		
X27.4；		
G00 X150.0 Z150.0；	快速退刀	
M05；	主轴停止	
M30；	程序结束	

3. 多重螺纹切削循环指令 G76

指令格式： G76 P（m）（r）（a）Q（Δdmin）R（d）；

G76 X（U）____ Z（W）____ R（i）P（k）Q（Δd）F（I）；

指令功能： 通过多次螺纹粗车、螺纹精车完成规定牙高（总切深）的螺纹加工，如果定义的螺纹角度不为 0°，螺纹粗车的切入点由螺纹牙顶逐步移至螺纹牙底，使得相邻两牙螺纹的夹角为规定的螺纹角度。G76 指令可加工带螺纹退尾的直螺纹和锥螺纹，可实现单侧刀刃螺纹切削，吃刀量逐渐减少，有利于保护刀具，提高螺纹精度。G76 指令不能加工端面螺纹，加工轨迹如图 1-5-4 所示。

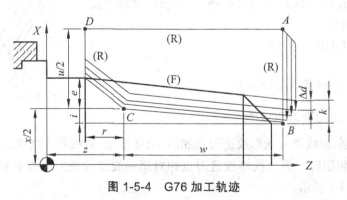

图 1-5-4　G76 加工轨迹

指令说明：

X 为螺纹终点 *X* 轴绝对坐标，单位为 mm。

U 为螺纹终点与起点 *X* 轴绝对坐标的差值，单位为 mm。

Z 为螺纹终点 *Z* 轴的绝对坐标值，单位为 mm。

W 为螺纹终点与起点 *Z* 轴绝对坐标的差值，单位为 mm。

P（m）为螺纹精车次数，取值范围为 00～99，单位为次，m 指令值执行后保持有效，并把系统数据参数的值修改为 m。未输入 m 时，以系统数据参数的值作为精车次数。在螺纹精车时，每次进给的切削量等于螺纹精车的切削量 *d* 除以精车次数 *m*。

P（r）为螺纹退尾长度，取值范围为 00～99，单位为 0.1×L，L 为螺纹螺距，r 指令值执行后保持有效。螺纹退尾功能可实现无退刀槽的螺纹加工。

P（a）为相邻两牙螺纹的夹角，取值范围为 00～99，单位为度（°），a 指令值执行后保持有效，并把系统数据参数的值修改为 a。未输入 a 时，以系统数据参数的值作为螺纹的角度。实际螺纹的角度由刀具角度决定，因此 a 应与刀具角度相同。

Q（Δdmin）为螺纹粗车时的最小切削量，单位为 0.001 mm，无符号，半径值。设置Δdmin 是为了避免由于螺纹粗车切削量递减造成粗车切削量过小、粗车次数过多。Q（Δdmin）执行后，指令值Δdmin 保持有效。未输入 Q（Δdmin）时，最小切削量默认为系统数据参数。

R（d）为螺纹精车的切削量，取值范围为 00～99 999，单位为 mm，无符号，半径值。半径值等于螺纹精车切入点 *B* 与最后一次螺纹粗车切入点 B_f 的 *X* 轴绝对坐标的差值。R（d）执行后，指令值 d 保持有效。未输入 R（d）时，螺纹精车切削量默认为系统数据参数。

R（i）为螺纹锥度，即螺纹起点与螺纹终点 *X* 轴绝对坐标的差值，单位为 mm，半径值。未输入 R（i）时，系统按 R（i）= 0（直螺纹）处理。

P（k）为螺纹牙高，即螺纹总切削深度，单位为 0.001 mm，半径值，无符号。

Q（Δd）为第一次螺纹切削深度，取值范围为 1～9 999 999，单位为 0.001 mm，半径值，无符号。

F 为公制螺纹螺距，取值范围为 0.001～500 mm。

I 为英制螺纹每英寸的螺纹牙数，取值范围为 0.06～25 400 牙/英寸。螺纹螺距指主轴转一圈长轴的位移量（*X* 轴位移量按半径值），*C* 点与 *D* 点 *Z* 轴坐标差的绝对值大于 *X* 轴坐标差的绝对值（半径值，等于 i 的绝对值）时，*Z* 轴为长轴；反之，*X* 轴为长轴。

G76 切入方法如图 1-5-5 所示。

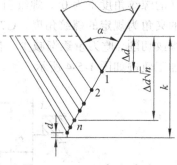

图 1-5-5 G76 切入方法

（三）任务知识点难点解析

1. 双线螺纹切削进刀点设置

双线螺纹切削：双线第一线螺纹进刀点如图 1-5-6 所示，双线第二线螺纹进刀点如图 1-5-7 所示。双线螺纹切削时，第二线螺纹进刀点相对第一线螺纹进刀点应前移或后移一个螺距（2 mm），如图 1-5-8 所示。

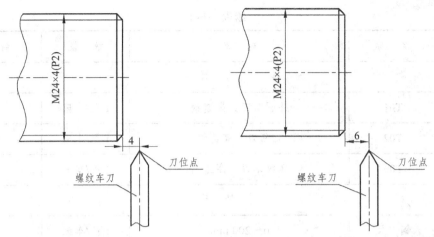

图 1-5-6 双线第一线螺纹进刀点   图 1-5-7 双线第二线螺纹进刀点

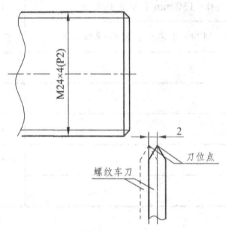

图 1-5-8 双线螺纹第一线与第二线进刀点

2. 单线和双线螺纹车削编程区别

单线：M24×2，G92 X___ Z___ F 2（螺距）；

双线：M24×4（P2），G92 X___ Z___ F 4（导程）。

四、任务准备

设备、材料及工量具要求如表 1-5-4 所示。

表 1-5-4 设备、材料及工量具清单

序 号	名 称	规 格	数 量	备 注
设 备				
1	数控车床	CNC6136，配三角自定心卡盘	1 台/2 人	
耗 材				
1	棒 料	铝，ϕ25 mm×90 mm	1 根/人	

序 号	名 称	规 格	数 量	备 注
刀 具				
1	T01	外圆车刀，高速钢	1 把/车床	
2	T02	切断刀，高速钢	1 把/车床	
3	T03	螺纹车刀，高速钢	1 把/车床	
量 具				
1	钢 尺	0～200 mm	1 把/车床	
2	游标卡尺	0～150 mm（分度 0.02 mm）	1 把/车床	
3	螺纹环规	M24×2 单线、双线螺纹环规	各 2 套/车间	
工 具				
1	毛 刷		1 把/车床	
2	开口扳手		1 把/车床	
3	六角扳手		1 把/车床	
4	车刀角度板		1 个/车床	

五、任务实施

（一）工艺分析

1. 工艺方案及加工路线的确定

该任务零件轴心线为工艺基准，编程坐标系为零件右端面中心。工件装夹采用一端三角卡盘夹紧，一端活顶尖顶紧方式。

工步顺序如下：

（1）粗车外圆轮廓。

（2）精车外圆轮廓。

（3）车螺纹退刀槽。

（4）车双线 M24×4（P2）螺纹。

（5）车单线 M24×2 螺纹。

（6）切断。

2. 工艺过程及参数设置（见表 1-5-5）

表 1-5-5　工艺过程及参数设置

序号	工步内容	刀　具	切削用量			加工余量/mm	备注
			n/(r/min)	F/(mm/min)	A_p/mm		
1	粗车外圆轮廓	T01：外圆车刀	600	120	1	0.4	
2	精车外圆轮廓	T01：外圆车刀	800	60	0.4	0	
3	切　槽	T02：切断刀	400	40			
4	车双线螺纹	T03：螺纹刀	200				
5	车单线螺纹	T03：螺纹刀	200				
6	切　断	T02：切断刀	400	40			

（二）程序编制及解析（见表 1-5-6）

表 1-5-6　程序编制及解析

加工程序	程序解析	备注
O0001；	程序号	
M08；	开乳化液	
T0101；	选择 1 号刀及 1 号刀偏（外圆车刀）	
M03 G97 S600；	主轴恒转速 600 r/min	
G00 X100.0 Z100.0；	快速定位到起刀点	
G00 Z2.0；		
X27.0；	快速靠近工件	
G90 X24.4 Z-74.0 F120；	工件 ϕ24 mm 外圆粗加工	
M03 S800；		
G00 X21.0；		
G01 Z0 F60；		
X24.0 Z-1.5；	倒角	
Z-74.0；	外圆精车	
X27.0；		
G00 X150.0 Z150.0；	快速退刀	
M05；	主轴停止	
M00；	暂停	
M03 S400；	主轴正转，转速 400 r/min	
T0202；	调用切槽刀，刀宽 4 mm	
G00 Z-34.0；	切断刀定位，先移 Z 轴	

加工程序	程序解析	备注
X26.0；	再定位 X 轴	
G94 X20.0 Z-34.0 F40；	车螺纹退刀工艺槽	
G00 X26.0 Z-58.0；		
G94 X20.0 Z-58.0 F40；	车螺纹退刀工艺槽	
G00 X150.0；		
Z150.0；	快速退刀	
N05；	主轴停止	
M00；	暂停	
M03 S200；	主轴正转，转速 200 r/min	
T0303；	调用螺纹刀，刀尖角 60°	
G00 X26.0 Z4.0；		
G92 X23.2 Z-32.0 F4.0；	双线螺纹（第一线）牙型	
X22.6；		
X22.0；		
X21.6；		
X21.4；		
G00 X26.0 Z6.0；	进刀点向后移动一个螺距	
G92 X23.2 Z-32.0 F4.0；	车削双线螺纹（第二条）牙型	
X22.6；		
X22.0；		
X21.6；		
X21.4；		
G00 X26.0 Z-32.0；		
G92 X23.2 Z-56.0 F2.0；	车削单线螺纹	
X22.6；		
X22.0；		
X21.6；		
X21.4；		
G00 X150.0；		
Z150.0；	快速退刀	
M05；	主轴停止	
M00；	暂停	
M03 S400；	主轴正转，转速 400 r/min	
T0202；	调用切断刀，刀宽 4 mm	
G00 Z-77.0；		

续表 1-5-6

加工程序	程序解析	备注
G01 X26.0 F200;	工件切断加工循环起点	
G94 X20.0 Z-77.0 F40;		
X10.0;		
X-1.0;	工件切断	
G00 X150.0;		
Z150.0;	快速退刀	
M05;	主轴停止	
M30;	程序结束	

（三）检查考核（见表 1-5-7）

表 1-5-7 任务五考核标准及评分表

姓名			班级			学号		总分	
序号	考核项目	考核内容			配分	评分标准		检验结果	得分
1	加工质量（60分）	外圆	$\phi 24$（3处）	IT	6分				
				Ra	15分				
		长度	24	IT	3分				
			34	IT	3分				
			73	IT	6分				
		螺纹	M24×2	IT、*Ra*	8分				
			M24×4（P2）	IT、*Ra*	10分				
		退刀槽	4×2（2处）	特征	6分				
		其他	端面、倒角	形状	3分				
2	工艺与编程（20分）	加工顺序、工装、切削参数等工艺合理（10分）							
		程序、工艺文件编写规范（10分）							
3	职业素养（10分）	着装	按规范着装		每违反一次扣5分，扣完为止				
		纪律	不迟到、不早退、不旷课、不打闹						
		工位整理	工位整洁，机床清理干净，日常维护						
4	文明生产（10分）	按安全文明生产有关规定，每违反一项从中扣5分，发生严重操作失误（如断刀、撞机等）每次从中扣5分，发生重大事故取消成绩。工件必须完整、无局部缺陷（夹伤等），否则扣5分							
指导教师							日期		

六、任务小结

通过本任务的训练，学习单线、双线普通三角螺纹编程车削方法，并掌握如下技能：

（1）认识粗牙、细牙普通三角螺纹标记，熟悉螺纹牙深等参数的计算公式和方法。

（2）60°螺纹车刀的结构及角度刃磨技巧。

（3）正确使用螺纹环规。

任务六　梯形螺纹车削加工

一、任务导入

在普通车床上车削梯形螺纹，工艺烦琐，尤其是车削梯形螺纹操作不易掌握。那么，梯形螺纹加工在数控车削中如何实现？梯形螺纹加工走刀轨迹如何控制？

本任务主要学习梯形螺纹数控车削加工的刀路编制及加工操作，如图1-6-1、图1-6-2所示。本任务典型产品如图1-6-3所示。

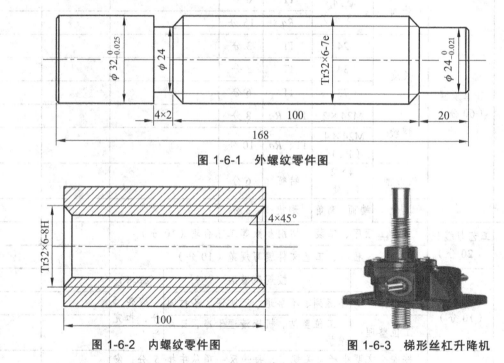

图 1-6-1　外螺纹零件图

图 1-6-2　内螺纹零件图

图 1-6-3　梯形丝杠升降机

二、任务分析

使用数控车床加工梯形螺纹是数控车床从业者要掌握的重要技能之一，典型产品有机床上的丝杠、梯形螺纹千斤顶等，如图1-6-3为梯形丝杆升降机。

在任务五中已经介绍了三角螺纹的加工方法，应该说在数控车床上加工普通三角螺纹难度不大，只要设定主轴为恒转速状态，控制好螺纹的切削深度和合理的走刀次数，即可保证加工出精度和粗糙度合格的工件。

梯形螺纹相比三角螺纹加工方法差别较大，主要是由于梯形螺纹相比三角螺纹，螺距大、牙型深。梯形螺纹车削使用的车刀刀尖角是 30°，而三角形螺纹车削车刀刀尖角是 60°。如果还像加工三角螺纹那样，使用 G32、G92 指令直进法车削或采用 G76 编程斜进法车削，很难车出合格的梯形螺纹。如果走刀路线路径控制不好，车削时很可能发生崩刀、短刀情况，极易引起机床或人身安全事故。因此，加工梯形螺纹走刀路线一定要合理。关于梯形螺纹的走刀路线、车刀角度及刃磨，在相关知识里面有详细说明。

三、相关知识

梯形螺纹常用于传动，精度要求较高。在机加工行业，三角形螺纹加工最为普遍，加工方法成熟易学。梯形螺纹与三角形螺纹相比，螺距大、牙型高、切除余量大、切削抗力大、精度高、牙型角两侧表面粗糙度值较小，这就导致梯形螺纹加工时，吃刀深、走刀快，尤其是加工硬度较高的材料时，加工难度较大。在数控车床上加工梯形螺纹，由于数控车床自动化程度高，加工过程由程序控制，这就要求车削梯形螺纹时，数控加工工艺设计要合理，程序编写要准确。下面结合长期教学经历及生产实践，介绍一种数控车床加工梯形螺纹的方法。

（一）零件图中梯形螺纹标记的认识

图 1-6-1 所示的外螺纹零件图中梯形螺纹标注为 Tr32×6-7e，表示公称直径为 32 mm、螺距为 6 mm 的单线右旋螺纹，中径公差带为 7e；图 1-6-2 所示的内螺纹零件图中梯形螺纹标注为 Tr32×6-8H，表示公称直径为 32 mm、螺距为 6 mm 的单线右旋螺纹，中径公差带为 8H。

（二）梯形螺纹各参数计算方法

1. 外螺纹相关参数计算（见图 1-6-1）

大径：$d = 32$ mm；

中径：$d_2 = d - 0.5P = 32 - 0.5 \times 6 = 29$（mm）；

牙高：$h_3 = 0.5P + a_c = 0.5 \times 6 + 0.5 = 3.5$（mm）；

小径：$d_3 = d - 2h_3 = 32 - 2 \times 3.5 = 25$（mm）；

牙顶宽：$f = 0.336P = 0.366 \times 6 = 2.196$（mm）；

牙槽底宽：$W = 0.366P - 0.536a_c = 0.366 \times 6 - 0.536 \times 0.5 = 1.928$（mm）。

2. 内螺纹相关参数计算（见图 1-6-2）

大径：$D_4 = d + 2a_c = 32 + 2 \times 0.5 = 33$（mm）；

中径：$D_2 = d_2 = 29$（mm）；

牙高：$H_4 = h_3 = 3.5$（mm）；

小径：$D_1 = d - P = 32 - 6 = 26$（mm）；

牙顶宽：$f' = f = 2.196$（mm）；

牙槽底宽：$W' = W = 1.928$（mm）。

表 1-6-1 为梯形螺纹各参数及计算公式。

表 1-6-1　梯形螺纹各参数及计算公式 单位：mm

外螺纹	大径（d）	公称直径	内螺纹	大径（D_4）	$D_4 = d + 2a_c$
	中径（d_2）	$d_2 = d - 0.5P$		中径（D_2）	$D_2 = d_2$
	小径（d_3）	$d_3 = d - 2h_3$		小径（D_1）	$D_1 = d - P$
	牙高（h_3）	$h_3 = 0.5P + a_c$		牙高（H_4）	$H_4 = h_3$
牙型角（α）	$\alpha = 30°$	牙顶宽	$f = 0.336P$	牙槽底宽	$W = 0.366P - 0.536a_c$
螺距	P	$1.5 \sim 5$	$6 \sim 12$		$14 \sim 44$
牙顶间隙	a_c	0.25	0.5		1

（三）车刀的选择

梯形螺纹加工常用的刀具材料为高速钢和硬质合金。由于两种材料性能不同，高速钢韧性好、耐磨性差，常采用低速切削，切削时加乳化液，能获得较好的表面粗糙度和尺寸精度；缺点是切削效率低，适合精度要求较高和单件小批量生产。硬质合金硬度高，耐磨性好，适合高速切削；缺点是对刀具和机床刚性要求较高，加工过程很难控制，如出现崩刀乱牙等情况。

为了保证加工梯形螺纹各尺寸参数精度、表面粗糙度合格以及切削时切削顺利，外轮廓螺纹车刀刃磨时应按图 1-6-4 所示的角度。内螺纹车刀可参照外螺纹车刀角度刃磨。车刀前端横刃宽度要小于螺纹牙槽底宽。

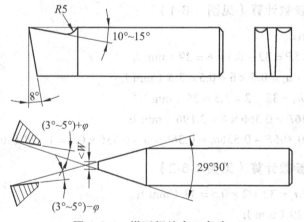

图 1-6-4　梯形螺纹车刀角度

（四）车削方法及走刀路线

螺纹的常用车削方法有直进法、左右切削法、车阶梯槽法和斜进法 4 种，如图 1-6-5 所示。直进法在车削中，常用于普通螺纹（螺距较小）加工，车刀的左右两侧刀刃都参与切削，排屑比较困难。由于梯形螺纹一般螺距都比较大，导致吃刀深、切削余量大，如果直接采用直进法或斜进法，会造成切削阻力大，同时车刀所受的总切削力比较大，车刀的受力和散热条件比较差，车刀容易磨损崩刀，尤其是切削硬度比较高的材料时，切削很难进行。当进刀量过大时还能产生"扎刀"，把牙型表面镂去一块，甚至折断车刀。另外，左右切削法只有一侧刀刃参与切削，由于车刀受单向轴向切削分力的影响较大，将会增加大螺纹牙形的误差。车阶梯槽法，过程比较复杂，螺纹精度和表面粗糙度不易保证，也不推荐使用。

鉴于以上 4 种方法各有不足，下面介绍采用分层法切削梯形螺纹，这种方法切削过程比较平稳，尤其是当梯形螺纹螺距比较大、螺纹材料较硬时，适合采用此切削方法。具体走刀路线是：以图 1-6-1 所示的螺纹为例，Tr32×6-7e 螺纹牙槽深为 3.5 mm，将其分为 4 层（见图 1-6-5），每一层采用先直进切削到此层的深度后，采用左右赶刀切削的方法。直进切削就是常用普通螺纹的切削方法；左右赶刀切削是指通过前移起刀点或后移起刀点位置切削，同时注意每层在螺纹的牙型上预留 0.2～0.4 mm 的精加工余量，待各层由外到内全部切削完成时，再采用左右光刀的方法，将预留的 0.2～0.4 mm 的精加工余量车掉，同时保证螺纹的尺寸精度和表面粗糙度。

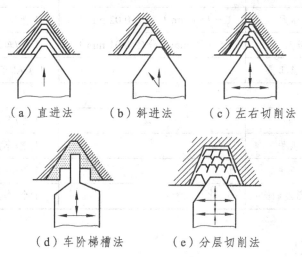

（a）直进法　　（b）斜进法　　（c）左右切削法

（d）车阶梯槽法　　（e）分层切削法

图 1-6-5　梯形螺纹车削方法

（五）切削参数的选择

由于采用高速钢低速切削，因此粗加工主轴转速为 50～200 r/min，精加工主轴转速为 20～50 r/min，进给量 F 由螺纹螺距控制。背吃刀量根据机床刚性不同，略有不同，一般粗加工半径吃刀深度为 0.4～1 mm，精加工半径吃刀深度为 0.02～0.2 mm。

刀头横刃宽度为 0.8～1.2 mm，小于螺纹牙槽底宽 1.926 mm，本任务采用刀头横刃宽度 1 mm。

内螺纹切削参数可参照外螺纹参数设定。

四、任务准备

设备、材料及工量具要求如表 1-6-2 所示。

表 1-6-2 设备、材料及工量具清单

序 号	名 称	规 格	数 量	备 注
设 备				
1	数控车床	CNC6136，配三角自定心卡盘	1 台/2 人	
耗 材				
1	棒 料	45 钢，ϕ35 mm×200 mm	1 根/人	
刀 具				
1	T01	机夹式外圆车刀，硬质合金	1 把/车床	
2	T02	切断刀，宽 4 mm，高速钢	1 把/车床	
3	T03	梯形螺纹车刀，高速钢	1 把/车床	
量 具				
1	钢 尺	0~200 mm	1 把/车床	
2	游标卡尺	0~150 mm（分度 0.02 mm）	1 把/车床	
3	千分尺	25~50 mm（分度 0.01 mm）	1 把/车床	
4	三针测量工具		1 套/2 车床	
工 具				
1	毛 刷		1 把/车床	
2	开口扳手		1 把/车床	
3	六角扳手		1 把/车床	
4	车刀角度板		1 个/车床	

五、任务实施

（一）工艺分析

1. 工艺方案及加工路线的确定

该任务零件轴心线为工艺基准，编程坐标系为零件右端面中心，工件伸出卡盘 180 mm，工件装夹采用一端用三角卡盘夹紧，另一端用活顶尖顶紧方式。

工步顺序如下：

（1）平工件右端面，打中心孔，用活顶尖顶紧工件。

（2）粗车外圆轮廓。

（3）精车外圆轮廓。

（4）车槽。

（5）车梯形螺纹。

（6）切断。

2. 工艺过程及参数设置（见表 1-6-3）

表 1-6-3　工艺过程及参数设置

序　号	工步内容	刀　具	切削用量			加工余量 /mm	备注
			n/(r/min)	F/(mm/min)	A_p/mm		
1	平毛坯右端面	T01	600	80			
2	打中心孔	中心钻	800	40			
3	粗车外圆轮廓	T01	400	100	0.8	0.4	
4	精车外圆轮廓	T01	800	40	0.4	0	
5	车　槽	T02	200	40	4		
6	车梯形螺纹	T03	200				
7	切　断	T02	200	40	4		

（二）程序编制及解析（见表 1-6-4）

表 1-6-4　程序编制及解析

加工程序	程序解析	备注
O0001；	程序号	
G90；	设置绝对值编程方式	
M08；	开乳化液	
T0101；	选择 1 号刀及 1 号刀偏（外圆车刀）	
M03 G97 S400；	主轴恒转速 400 r/min	
G00 X100.0 Z100.0；	快速定位到起刀点	
G00 Z2.0；		
X37.0；	快速靠近工件	
G71 U0.8 R1.0；		
G71 P10 Q20 U0.4 W0.1 F100；	轮廓粗加工	
N10 G00 X22.0；		
G01 Z0 F40；		
X24.0 Z-1.0；		
Z-20.0；		
X32.0 Z-24.0；		
Z-180.0；		

加工程序	程序解析	备注
N20 G01 X37.0;		
G00 X150.0 Z150.0;	退刀	
M05;	主轴停止	
M00;	暂停	
M03 S800;		
G00 X37.0 Z2.0;		
G70 P10 Q20;	轮廓精加工	
G00 X150.0 Z150.0;	退刀	
M05;	主轴停止	
M00;	暂停	
M03 S200;		
T0202;	切槽刀	
G00 Z-128.0;		
X34.0;		
G94 X24.0 Z-128.0 F40;	切槽	
G00 Z-126.0;		
G94 X24.0 Z-126.0 F40;		
G00 Z-124.0;		
G94 X24.0 Z-124.0 F40;		
G00 X150.0;		
Z150.0;		
M05;	主轴停止	
M00;	暂停	
M03 S200;		
T0303;	30°梯形螺纹刀	
G00 X34.0 Z-10.0;		
G92 X31.0 Z-124.0 F6.0;	第一层直进切削	
X30.5;		
X30.0;	切至第一层深度	
X29.5;		
X29.0;	切至第一层深度	
G00 X34.0 Z-10.3;	向左赶刀切削	
G92 X31.0 Z-124.0 F6.0;		
X30.5;		
X30.0;		

加工程序	程序解析	备注
X29.5;		
X29.0;	切至第一层深度	
G00 X34.0 Z-9.7;	向右赶刀切削	
G92 X31.0 Z-122.0 F6.0;		
X30.5;		
X30.0;		
X29.5;		
X29.0;	切至第一层深度	
…		
连续赶刀加工，直到牙型只剩余 0.2 mm 光刀余量，开始第二层车削加工		
G92 X28.5.0 Z-124.0 F6.0;	第二层直进切削	
X28.0;		
X27.5;		
X27.0;		
X26.5;		
X26.2;	切至第二层深度	
G00 X34.0 Z-10.3;	向左赶刀切削	
G92 X28.5.0 Z-124.0 F6.0;	第二层直进切削	
X28.0;		
X27.5;		
X27.0;		
X26.5;		
X26.2;	切至第二层深度	
G00 X34.0 Z-9.7;	向右赶刀切削	
G92 X28.5.0 Z-124.0 F6.0;	第二层直进切削	
X28.0;		
X27.5;		
X27.0;		
X26.5;		
X26.2;	切至第二层深度	
…		
连续赶刀加工，直到牙型只剩余 0.2 mm 光刀余量，开始精加工车削		
M05;	主轴停止	
M00;	暂停	
M03 S200;		

63

加工程序	程序解析	备注
T0202；		
G00 Z-172.0；		
G01 X34.0 F200；	刀具定位	
G94 X26.0 Z-172.0 F40；		
X20.0；		
X12.0；		
X6.0；		
X-1.0；	工件切断	
G00 X150.0；		
Z150.0；	刀具抽离	
M05；	主轴停止	
M30；	程序结束	

（三）检查考核（见表 1-6-5）

表 1-6-5　任务六考核标准及评分表

姓名			班级			学号		总分	
序号	考核项目	考核内容			配分	评分标准		检验结果	得分
1	加工质量（60分）	外圆	$\phi 24$	IT	6分				
				Ra	5分				
			$\phi 32$	IT	6分				
				Ra	5分				
		长度	20	IT	3分				
			100	IT	3分				
			168	IT	6分				
		梯形螺纹	Tr32×6	IT、Ra	20分				
		退刀槽	4×2	特征	3分				
		其他	端面、倒角	形状	3分				
2	工艺与编程（20分）	加工顺序、工装、切削参数等工艺合理（10分）							
		程序、工艺文件编写规范（10分）							
3	职业素养（10分）	着装	按规范着装			每违反一次扣 5分，扣完为止			
		纪律	不迟到、不早退、不旷课、不打闹						
		工位整理	工位整洁，机床清理干净，日常维护						
4	文明生产（10分）	按安全文明生产有关规定，每违反一项从中扣 5 分，发生严重操作失误（如断刀、撞机等）每次从中扣 5 分，发生重大事故取消成绩。工件必须完整、无局部缺陷（夹伤等），否则扣 5 分							
	指导教师							日期	

六、任务小结

通过本任务的训练，学习分层法切削梯形螺纹的工艺方法，并掌握如下技能：
（1）认识梯形螺纹标记，熟悉螺纹参数的计算公式和方法。
（2）30°梯形螺纹车刀的角度刃磨。
（3）三针法测量梯形螺纹中径。

任务七　外径复合循环指令加工（G71）

一、任务导入

本任务加工零件如图 1-7-1 所示。加工此零件外轮廓如果使用 G90 的方法编制粗加工程序将非常烦琐。本任务使用外径复合循环指令 G71 完成外轮廓的粗加工程序编制，并引入精加工的概念。

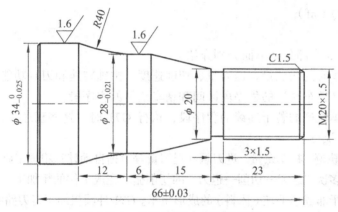

图 1-7-1　外轮廓粗、精车零件图

二、任务分析

在任务四中介绍了 G90 指令粗加工零件的外径轮廓，如果零件的外径都是规则的圆柱面，用 G90 编程加工应该说是比较方便的。在本任务中零件外轮廓有直线、锥度面和圆弧形状。如果还是采用指令 G90 编程加工，将非常烦琐，主要是因为 G90 指令的走刀轨迹为矩形循环，在切削圆弧和锥度面时，走刀路径计算将非常复杂，因此用 G90 编程不可行。G71 指令适合对本任务中零件进行粗加工及配合 G70 指令精加工车削，主要是由于 G71 指令编程，无需对零件的粗加工路径刀路进行编程，只需编写工件的精加工刀路，设置好粗加工切削参数，粗加工刀路会自动生成，编程简便、有效。因此，相比 G90 指令，显然 G71 指令更适合。

本任务工件的形状特征分为 3 类：外径轮廓、槽及螺纹。加工的方案是：先用 90°外圆偏刀加工零件外形轮廓，然后用切断刀切槽，再用螺纹刀车螺纹。

三、相关知识

固定循环指令在加工规则形状的结构时，具有较高的编程效率和较好的效果，但面对复杂轮廓的加工时，编程效率非常低，尤其是在粗加工过程中，仅轨迹设计以及节点计算的工作量就非常大。而使用复合循环指令，数控系统能自动计算复杂的车削刀路轨迹，大大降低了编程的难度。

在复合循环中，复合循环指令对零件的轮廓定义之后，即可完成从粗加工到精加工的全过程，使程序得到进一步简化。

（一）轴向车削复合循环 G71

指令格式：

G71 U（Δd）R（e）;
G71 P（ns）Q（nf）U（Δu）W（Δw）F___ S___ T___;
N（ns）;
...
N（nf）;
G70 P（ns）Q（nf）;

指令功能：

G71 指令分为 3 个部分，下面分别介绍。

① 为给定粗车时的切削量、退刀量、切削速度、主轴转速和刀具功能的程序段。

② 为给定定义精车轨迹的程序段区间和精车余量的程序段。

③ 为定义精车轨迹的若干连续的程序段，执行 G71 时，这些程序段仅用于计算粗车的轨迹，实际并未被执行。

系统根据精车轨迹、精车余量、进刀量和退刀量等数据自动计算粗加工路线，沿与 Z 轴平行的方向切削，通过多次"进刀—切削—退刀"的切削循环完成工件的粗加工。G71 的起点和终点相同。本指令适用于非成形毛坯（棒料）的成形粗车。G71 外圆粗加工走刀路线如图 1-7-2 所示。

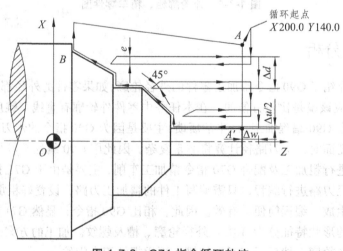

图 1-7-2 G71 指令循环轨迹

指令说明:

Δd 为粗车时 X 轴的切削量,单位为 mm,半径值,无符号,进刀方向由 ns 程序段的移动方向决定。

e 为粗车时 X 轴的退刀量,单位为 mm,半径值,无符号,退刀方向与进刀方向相反。未输入 R(e)时,以数据参值作为退刀量。

ns 为精车轨迹第一个程序段的程序段号。

nf 为精车轨迹最后一个程序段的程序段号。

Δu 为 X 轴的精加工余量,单位为 mm,直径值,有符号,粗车轮廓相对于精车轨迹的 X 轴坐标偏移。U(Δu)未输入时,系统按 Δu = 0 处理,即粗车循环 X 轴不留精加工余量。

Δw 为 Z 轴的精加工余量,单位为 mm,有符号,粗车轮廓相对于精车轨迹的 Z 轴坐标偏移。W(Δw)未输入时,系统按 Δw = 0 处理,即粗车循环 Z 轴不留精加工余量。

F 为粗加工切削进给速度。

S 为主轴转速。

T 为刀具号、刀具偏置号。

M、S、T、F 在 G71 指令之前或 G71 指令中指定,表示粗加工切削参数;在 ns ~ nf 程序中指定,仅在有 G70 精车循环中才有效。

编程特点如下:

(1)ns ~ nf 程序段必须紧跟在 G71 程序段后编写。如果在 G71 程序段前编写,系统自动搜索到 ns ~ nf 程序段并执行,执行完成后,按顺序执行 nf 程序段的下一程序,因此会重复执行 ns ~ nf 程序段。

(2)执行 G71 时,ns ~ nf 程序段仅用于计算粗车轮廓,程序段并未被执行。ns ~ nf 程序段中的 F、S、T 指令在执行 G71 循环时无效,此时 G71 程序段的 F、S、T 指令有效;执行 G70 精加工循环时,ns ~ nf 程序段中的 F、S、T 指令有效。

(3)ns 程序段只能是不含 Z(w)指令字的 G00、G01 指令;否则报警。

(4)精车轨迹(ns ~ nf 程序段),X 轴、Z 轴的尺寸都必须是单调变化,车削的路径必须是单调增大或减小,即不可有内凹的轮廓外形。

(5)编程:小径往大径;加工:大径往小径。加工孔时则相反。

(6)ns ~ nf 程序段中,只能有 G 功能(G00、G01、G02、G03、G04、G96、G97、G98、G99、G40、G41、G42)指令;不能有程序调用指令(如 M98、M99)。

(7)G96、G97、G98、G99、G40、G41、G42 指令在执行 G71 循环中无效,执行 G70 精加工循环时有效。

(8)在 G71 指令执行过程中,可以停止自动运行并手动移动,但要再次执行 G71 循环时,必须返回到手动移动前的位置。如果不返回就继续执行,后面的运行轨迹将错位。

(9)执行进给保持、单程序段的操作,在运行完当前轨迹的终点后程序暂停。

(10)在同一程序中需要多次使用复合循环指令时,ns ~ nf 不允许有相同的程序段号。

注意：

① 指令 G71 只适合切削外径呈单调规律的轴类零件。

② 指令 G71 适用于非成形毛坯（棒料）的成形粗车。

③ 留精车余量时，坐标偏移方向为Δu、Δw，反映了精车时坐标偏移和切入方向，按Δu、Δw 的符号有 4 种不同组合，如图 1-7-3 所示， B→C 为精车轨迹，B′→C′为粗车轮廓，A 为起刀点。

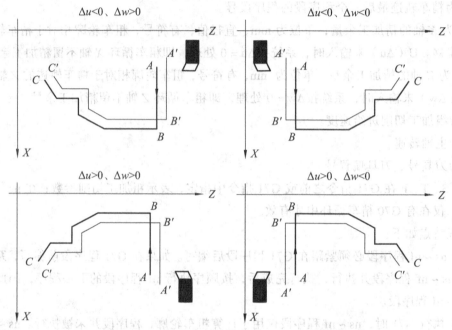

图 1-7-3　G71 中坐标偏移对Δu、Δw 的影响

例：按图 1-7-4 所示的尺寸，使用指令 G71 编写零件外径车削加工程序，毛坯为ϕ25 mm ×70 mm，45 钢。

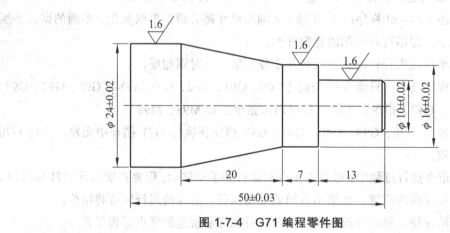

图 1-7-4　G71 编程零件图

程序编制与解析如表 1-7-1 所示。

表 1-7-1 程序编制与解析

加工程序	程序解析	备注
O0001;	程序号	
M08;	开乳化液	
T0101;	选择 1 号刀及 1 号刀偏（外圆车刀）	
M03 G97 S400;	主轴恒转速 400 r/min	
G00 X100.0 Z100.0;	快速定位到起刀点	
G00 X27.0 Z2.0;	快速靠近工件	
G71 U0.6 R1.0;		
G71 P10 Q20 U0.4 W0.1 F60;	粗加工程序段	
N10 G00 X0;	精加工开始程序段	
G01 X0 Z0 F30;	设置精加工进给量	
X15.0;		
X16.0 Z-1.0;		
Z-13.0;		
X16.0;		
Z-20.0;		
X24.0 Z-40.0;		
Z-50.0;		
N20 G01 X27.0 Z-50.0;	精加工结束程序段	
G00 X150.0 Z150.0;	快速退刀	
M05;	主轴停止	
M00;	暂停	
M03 S800;	精加工主轴转速设置	
G00 X27.0 Z2.0;	刀具快速定位到循环起点	
G70 P10 Q20;	精加工程序段	
G00 X150.0 Z150.0;	快速抽刀	
M05;	主轴停止	
M30;	程序结束	

（二）任务知识点难点解析

图 1-7-5 为本任务零件 G71 精加工刀路，切削刀路呈单调规律，外径切削不包括退刀槽这种凹陷的轮廓。另外，本任务车削刀具为 90°外圆车刀，车削退刀槽这种凹陷的轮廓，车刀的副后刀面也会和工件干涉，如图 1-7-6 所示。

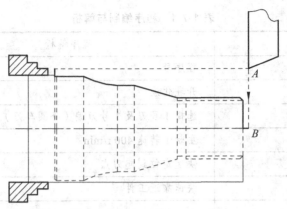

图 1-7-5　G71 精加工刀路

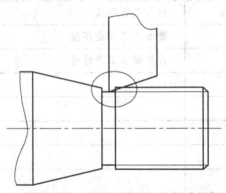

图 1-7-6　90°外圆车刀车槽干涉图

四、任务准备

设备、材料及工量具要求如表 1-7-2 所示。

表 1-7-2　设备、材料及工量具清单

序　号	名　称	规　格	数　量	备　注
设　备				
1	数控车床	CNC6136，配三角自定心卡盘	1 台/2 人	
耗　材				
1	棒　料	45 钢，$\phi 35$ mm×85 mm	1 根/人	
刀　具				
1	T01	机夹式外圆车刀，硬质合金	1 把/车床	
2	T02	切槽刀，宽 4 mm，高速钢	1 把/车床	
3	T03	机夹式螺纹车刀，硬质合金	1 把/车床	
量　具				
1	钢　尺	0～200 mm	1 把/车床	

序 号	名 称	规 格	数 量	备 注
2	游标卡尺	0～150 mm（分度 0.02 mm）	1 把/车床	
3	千分尺	0～30 mm（分度 0.01 mm）	1 把/车床	
4	千分尺	20～50 mm（分度 0.01 mm）	1 把/车床	
5	螺纹环规	M24×1.5	2 个/实训室	
工 具				
1	毛 刷		1 把/车床	
2	开口扳手		1 把/车床	
3	六角扳手		1 把/车床	
4	车刀角度板		1 个/车床	

五、任务实施

（一）工艺分析

1. 工艺方案及加工路线的确定

该任务零件轴心线为工艺基准，编程坐标系为零件右端面中心，工件伸出卡盘 72 mm，工件装夹采用三角卡盘夹紧。

工步顺序如下：

（1）粗车外圆轮廓。

（2）精车外圆轮廓。

（3）车槽。

（4）车螺纹。

（5）切断。

2. 工艺过程及参数设置（见表 1-7-3）

表 1-7-3　工艺过程及参数设置

序 号	工步内容	刀 具	切削用量			加工余量 /mm	备 注
			n/(r/min)	F/(mm/min)	A_p/mm		
1	粗车外圆轮廓	T01	600	100	1.0	0.4	
2	精车外圆轮廓	T01	1000	40	0.4	0	
3	切槽	T02	200	40			
4	车螺纹	T03	200				
5	切断	T02	200	40			

（二）程序编制与解析（见表 1-7-4）

表 1-7-4　程序编制与解析

加工程序	程序解析	备注
O0001;	程序号	
M08;	开乳化液	
T0101;	选择 1 号刀及 1 号刀偏（外圆车刀）	
M03 G97 S600;	主轴恒转速 600 r/min	
G00 Z2.0;		
X37.0;	快速靠近工件	
G71 U1.0 R1.0;		
G71 P10 Q20 U0.4 W0.1 F100;	粗加工程序段	
N10 G00 X0;	精加工开始程序段	
G01 X0 Z0 F40;	设置精加工进给量	
X17.0;		
X20.0 Z-1.5;		
Z-23.0;		
X28.0 Z-38.0;		
Z-44.0;		
G02 X34.0 Z-56.0 R40;		
Z-67.0;		
N20 G01 X37.0 Z-67.0;	精加工结束程序段	
G00 X150.0 Z150.0;	快速退刀	
M05;	主轴停止	
M00;	暂停	
M03 S1000;	精加工主轴转速设置	
G00 X37.0 Z2.0;	刀具快速定位到循环起点	
G70 P10 Q20;	精加工程序段	
G00 X150.0 Z150.0;	快速退刀	
M05;	主轴停止	
M00;	暂停	
M03 S200;	切槽转速设定	

加工程序	程序解析	备注
T0202;	调用切断刀，刀宽 4 mm	
G00 Z-23.0;		
X22.0;	快速定位	
G94 X17.0 Z-23.0 F40;	切螺纹退刀工艺槽	
G00 X150.0;		
Z150.0;	快速退刀	
M05;	主轴停止	
M00;	程序结束	
M03 S200;	切槽转速设定	
T0303;	换刀，调用螺纹车刀	
G00 X22.0 Z2.0;	螺纹切削循环起点	
G92 X19.4 Z-21.5 F1.5;	螺纹车削	
X19.0;		
X18.7;		
X18.4;		
X18.2;		
X18.05;		
G00 X150.0 Z150.0;	快速退刀	
M05;	主轴停止	
M00;	暂停	
M03 S200;	切槽转速设定	
T0202;	调用切断刀，刀宽 4 mm	
G00 Z-69;		
X37.0;	快速定位	
G94 X20.0 Z-69.0 F40;	切螺纹退刀工艺槽	
X10.0;		
X-1.0;	快速退刀	
M05;	主轴停止	
M30;		

（三）检查考核（见表 1-7-5）

表 1-7-5 任务七考核标准及评分表

姓名			班级			学号		总分	
序号	考核项目		考核内容		配分	评分标准		检验结果	得分
1	加工质量（60分）	外圆	$\phi 20$	IT	2分				
				Ra	5分				
			$\phi 28^{\ 0}_{-0.021}$	IT	6分	超差 0.01 扣 2 分			
				Ra	5分	降一级扣 2 分			
			$\phi 34^{\ 0}_{-0.025}$	IT	6分	超差 0.01 扣 2 分			
				Ra	5分	降一级扣 2 分			
		长度	23	IT	3分				
			66 ± 0.03	IT	6分	超差 0.01 扣 2 分			
		螺纹	M20×1.5	IT、Ra	10分	降一级扣 2 分			
		圆弧	R40	IT、Ra	6分				
		退刀槽	3×1.5	特征	3分				
		其他	端面、倒角	形状	3分				
2	工艺与编程（20分）	加工顺序、工装、切削参数等工艺合理（10分）							
		程序、工艺文件编写规范（10分）							
3	职业素养（10分）	着装	按规范着装			每违反一次扣 5 分，扣完为止			
		纪律	不迟到、不早退、不旷课、不打闹						
		工位整理	工位整洁，机床清理干净，日常维护						
4	文明生产（10分）	按安全文明生产有关规定，每违反一项从中扣 5 分，发生严重操作失误（如断刀、撞机等）每次从中扣 5 分，发生重大事故取消成绩。工件必须完整、无局部缺陷（夹伤等），否则扣 5 分							
	指导教师							日期	

六、任务小结

通过本任务学习轴类零件外径轮廓粗加工车削方法，熟悉 G71 指令格式及编程技巧。使用 G71 编程时还应注意以下几点：

（1）指令 G71 只适合切削外径呈单调规律的轴类零件。

（2）指令 G71 适用于非成形毛坯（棒料）的成形粗车。

项目三强化训练题

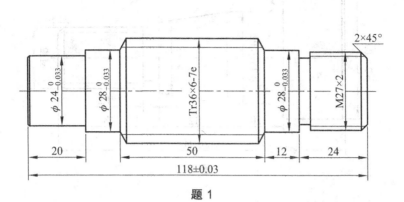

题 1

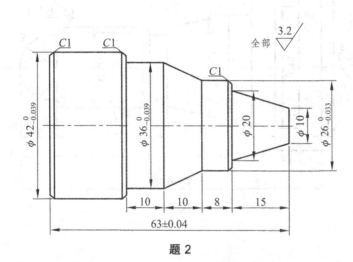

题 2

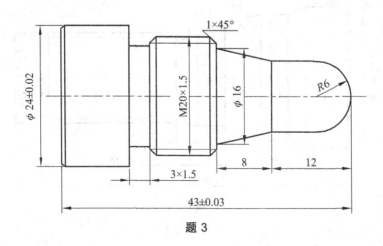

题 3

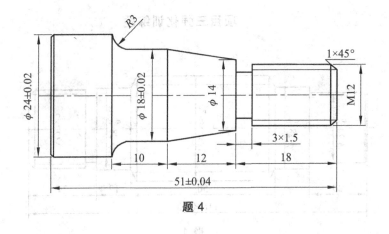

题 4

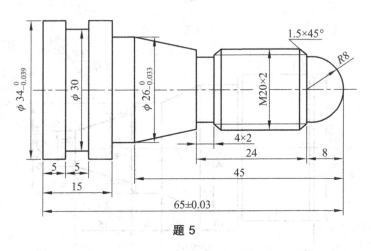

题 5

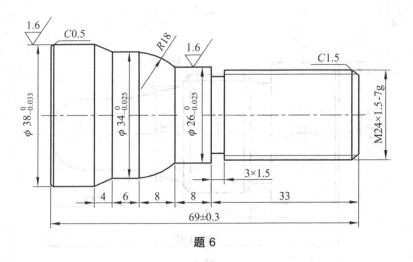

题 6

项目四　工件两端加工及斜壁槽加工

任务八　工件两端车削加工

一、任务导入

任务七使用了 G71 指令加工外径单调递增（零件一端小一端大）的零件，零件的轮廓如果是中间大两端小（见图 1-8-1），加工路线如何安排？用什么指令编程？

本任务主要学习使用 G72 配合 G71 指令进行工件两端加工。

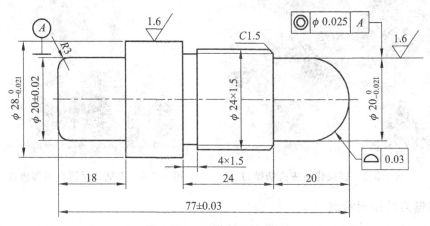

图 1-8-1　两端加工零件图

二、任务分析

本零件的特点是中间大、两端小。这类型的零件加工方案一般有两种：一是先加工零件一端轮廓，然后调头，夹持零件已加工端，打表找正，再车削零件的另一端，这种方法在以后的任务中介绍；另一种是先加工零件右端部分，再使用 G72 指令加工零件的左端部分，这样可以较好地保证零件的同轴度要求，本任务主要介绍这种方法。具体加工顺序是：外圆刀加工零件的左端外圆轮廓、切槽、车螺纹；然后切削零件右端轮廓；切断工件。

三、相关知识

（一）常见车床切槽刀类型及使用特点

1. 切槽刀的类型

切槽刀按结构可分为：整体式切槽刀（材质一般为高速钢）、焊接式切槽刀、机夹式切槽刀3类。图1-8-2为机夹式切槽刀，图1-8-3为模块化机夹式切槽刀。模块化机夹式切槽刀相比传统的机夹式切槽刀，灵活性好，在不需要更换刀体的情况下，只需更换模块刀头，即可适合不同槽深的加工，如图1-8-4所示。

图 1-8-2　机夹式切槽刀

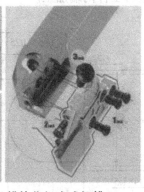　

图 1-8-3　模块化机夹式切槽刀　　　图 1-8-4　刀柄共用适合不同槽深

2. 切槽刀的使用特点

圆柱体切槽包括切外圆槽、内孔槽、退刀槽、端面槽。所切槽形包括窄槽、宽槽、成形槽。加工它们所用的刀具主要是各类车削用切槽刀，其工艺特点是：

（1）一个主刀刃两个副刀刃同时参与三面切削，被切削材料塑性变形复杂、摩擦阻力大，加工时进给量小、切削厚度薄、平均变形大、单位切削力大、总切削力与功耗大，据统计一般比外圆加工大20%左右；同时，切削热高、散热差、切削温度高。

（2）切削速度在加工过程中不断变化，特别是切断加工时，切削速度由最大一直变化至零。切削力、切削热也在不断变化。

（3）工件一面旋转，刀具不断切入，实际在工件表面形成的是阿基米德螺旋面，由此造成实际前角、后角都在不断变化，使切削过程更为复杂。

（4）因刀具宽度窄，相对悬伸长，刀具刚性差，易振动，特别是切断、切深槽时尤为明显。在实际加工中，由于被加工槽形、分布、宽度、深度不同，组合众多，应尽量使用少量的刀柄与相关组件、零件，夹持各种规格刀片，以优质、高效、经济地完成各种加工。

（5）由于切断（槽）刀的刀体强度较差，在选择切削用量时，应适当减小其数值。

3. 认识切槽刀

（1）刀尖点及刀位点。

如图 1-8-5 所示，切槽刀的刀尖点有两个，为 A、B 两个刀尖点；刀具的刀位点只有一个，一般情况下，切槽刀的刀位点为左边刀尖。后置刀架数控车床切槽刀由右向左车削加工，切槽刀的左边刀尖最先和工件接触，因此，切槽刀的左边刀尖为实际切削刀尖，刀具的定位以此刀尖为基准，这种情况下，切槽刀的刀位点和实际切削刀尖重合，如图 1-8-6 所示。

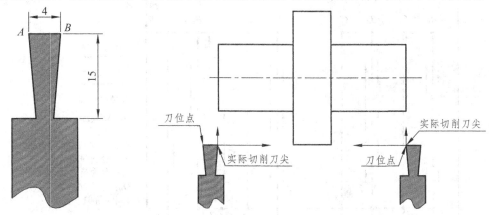

图 1-8-5　切槽刀特征认识　　　　　　图 1-8-6　切槽刀刀位点与实际切削刀尖

本任务中，切槽刀的走刀路线是由左向右切削，先与工件接触的点是右边刀尖，此情况下，切槽刀的刀位点为车刀的左边刀尖，实际切削刀尖为车刀右边刀尖，因此编程时要搞清楚刀位点和实际切削刀尖点之间的联系，如图 1-8-6 所示。

（2）切槽刀主切削刃宽度及切深。

如图 1-8-5 所示，车刀的主切削刃宽度为 4 mm，车刀实际切深要比刀头长度 15 mm 小一些，一般小 2 mm 以上。

（二）编程指令

1. 径向切槽多重循环指令 G75

（1）G75 指令的进刀方式。从起点径向（X 轴）进给、回退、再进给……直至切削到与切削终点轴坐标相同的位置，然后轴向退刀、径向回退至与起点 X 轴坐标相同的位置，完成一次径向切削循环；轴向再次进刀后，进行下一次径向切削循环；切削到切削终点后，返回起点，径向切槽复合循环完成。G75 的轴向进刀和径向进刀方向由切削终点 X（U）、Z（W）与起点的相对位置决定。本指令用于加工径向环形槽或圆柱面，径向断续切削起到断屑、排屑的作用。

（2）G75 指令。

指令格式： G75 R（e）；

　　　　　　　G75 X（U）＿＿ Z（W）＿＿ P（Δi） Q（Δk） R（Δd） F＿＿；

指令说明： e 为每次径向（X 轴）进刀后的径向退刀量，无符号；X 为切削终点的 X 轴绝对坐标值；U 为切削终点与起点的 X 轴绝对坐标值的差值；Z 为切削终点的 Z 轴绝对坐标值；W 为切削终点与起点的 Z 轴绝对坐标值的差值；Δi 为径向（X 轴）进刀时，X 轴断续进刀的进给量，半径值，单位为 0.001 mm，无符号；Δk 为单次径向切削循环的轴向（Z 轴）进给量，单位为 mm，无符号；Δd 为切削至径向切削终点后，轴向（Z 轴）退刀量，无符号。

（3）G75 指令执行过程如图 1-8-7 所示。

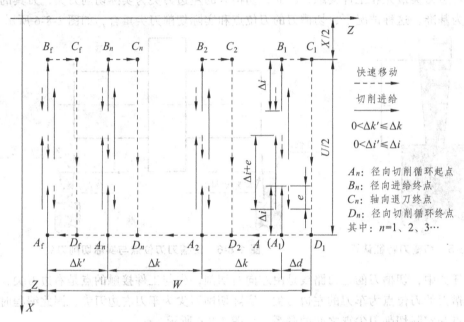

图 1-8-7　G75 指令切削轨迹

① 从径向切削循环起点 A_n 径向（X 轴）切削进给 Δi，切削终点 X 轴坐标小于起点 X 轴坐标时，向 X 轴负向进给；反之则向 X 轴正向进给（内槽加工）。

② 径向（X 轴）快速移动退刀 e，退刀方向与①进给方向相反。

③ 如果 X 轴再次切削进给（$\Delta i + e$），进给终点仍在径向切削循环起点 A_n 与径向进刀终点 B_n 之间，X 轴再次切削进给（$\Delta i + e$），然后执行②；如果 X 轴再次切削进给（$\Delta i + e$）后，进给终点到达 B_n 点或不在 A_n 与 B_n 之间，X 轴切削进给至 B_n 点，然后执行④。

④ 轴向（Z 轴）快速移动退刀 Δd 至 C_n 点，B_f 点（切削终点）的 Z 轴坐标小于 A 点（起点）的 Z 轴坐标时，向 Z 轴正方向退刀；反之则向 Z 轴负方向退刀。

⑤ 径向（X 轴）快速移动退刀至 D_n 点，第 n 次径向切削循环结束。如果当前不是最后一次径向切削循环，执行⑥；如果当前是最后一次径向切削循环，则执行⑦。

⑥ 轴向（Z 轴）快速移动进刀，进刀方向与④退刀方向相反。如果 Z 轴进刀（$\Delta d + \Delta k$）后，进刀终点仍在 A 点与 A_f 点之间，Z 轴快速移动进刀（$\Delta d + \Delta k$），即 $D_n \rightarrow A_{n+1}$，然后执行①；如果 Z 轴进刀（$\Delta d + \Delta k$）后，进刀终点到达 A_f 点或不在 D_n 与 A_f 点之间，Z 轴快速移动至 A_f 点，然后执行①，开始最后一次径向切削循环。

⑦ Z 轴快速移动返回到起点 A，G75 代码执行结束。

2. 径向粗车符合循环指令 G72

（1）G72 指令。

指令格式：G72 W（Δd） R（e）；

　　　　　G72 P（ns） Q（nf） U（Δu） W（Δw） F___ S___ T___ ；

　　　　　N（ns）；

　　　　　…

　　　　　N（nf）；

（2）G72 指令的循环走刀轨迹如图 1-8-8 所示。

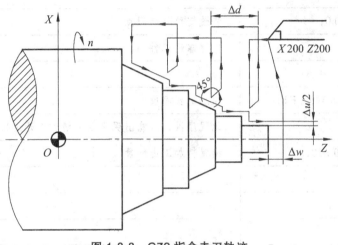

图 1-8-8　G72 指令走刀轨迹

指令说明：Δd 为粗车时 Z 轴的切削量，进刀方向由 ns 程序段的移动方向决定。其他参数设置，参照 G71。

例：按图 1-8-9 所示的尺寸，使用指令 G72 编写零件外径车削加工程序，毛坯 ϕ35 mm ×80 mm，45 钢。

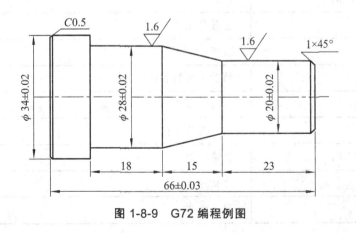

图 1-8-9　G72 编程例图

程序编制与解析如表 1-8-1 所示。

表 1-8-1　程序编制与解析

加工程序	程序解析	备注
O0001；	程序号	
G90；	设置绝对值编程方式	
M08；	开乳化液	
T0101；	切槽刀，刀刃宽 4 mm，材质为高速钢	
M03 G97 S400；	转速 400 r/min	
G00 X100.0 Z100.0；	快速定位到起刀点	
G00 X37.0 Z2.0；	快速靠近工件	
G72 W3.0 R1.0；		
G71 P10 Q20 U0.4 W0.1 F40；	粗加工程序段	
N10 G00 Z-66.0；	此程序段，只能出现 Z 轴（精加工开始程序段）	
G01 X34.0 Z-66.0 F20；	设置精加工进给量	
Z-56.0；		
X28.0；		
Z-38.0；		
X20.0 Z-23.0；		
Z-1.0；		
X18.0.0 Z0；	倒角	
N20 G01 X18.0 Z2.0；	精加工结束程序段	
G00 X150.0 Z150.0；	快速退刀	
M05；	主轴停止	
M00；	暂停	
M03 S800；	精加工主轴转速设置	
G00 X27.0 Z2.0；	刀具快速定位到循环起点	
G70 P10 Q20；	精加工程序段	
G00 X150.0 Z150.0；	快速退刀	
M05；	主轴停止	
M30；	程序结束	

（三）任务知识点难点解析

工件两端加工与工件单头加工区别较大，尤其是使用切槽刀加工时，若工艺安排不合理，极易发生撞刀。

该任务零件两端车削加工如下：

（1）工件右端轮廓车削，如图1-8-10所示。

（2）工件左端车供G72循环切削退刀的工艺槽，如图1-8-11所示。

（3）工件左端轮廓G72车削加工，如图1-8-12所示。

（4）工件保总长、切断，如图1-8-13所示。

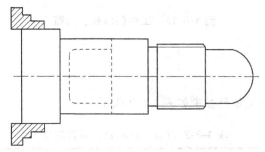

图 1-8-10　工件右端轮廓车削示意图

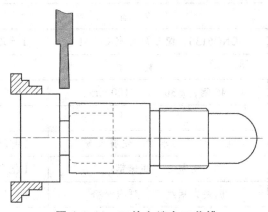

图 1-8-11　工件左端车工艺槽

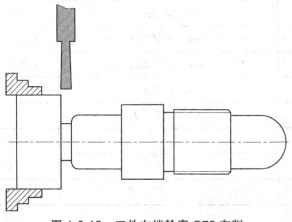

图 1-8-12　工件左端轮廓 G72 车削

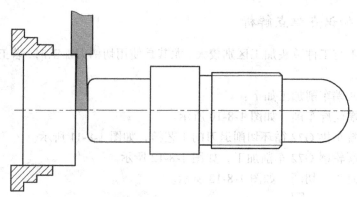

图 1-8-13 工件保总长、切断

四、任务准备

设备、毛坯、刀具及工量具要求如表 1-8-2 所示。

表 1-8-2 设备、材料及工量具清单

序 号	名 称	规 格	数 量	备 注
		设 备		
1	数控车床	CNC6136，配三角自定心卡盘	1 台/3 人	
		耗 材		
1	棒 料	45 钢，ϕ30 mm×100 mm	1 根/人	
		刀 具		
1	T01	机夹式外圆车刀，硬质合金	1 把/车床	
2	T02	切断刀，高速钢	1 把/车床	
3	T03	机夹式螺纹刀，硬质合金	1 把/车床	
		量 具		
1	钢 尺	0～200 mm	1 把/车床	
2	游标卡尺	0～150 mm（分度 0.02 mm）	1 把/车床	
3	千分尺	0～30 mm（分度 0.01 mm）	1 把/车床	
4	环 规	M24×1.5	2 个/车间	
		工 具		
1	毛 刷		1 把/车床	
2	开口扳手		1 把/车床	
3	六角扳手		1 把/车床	

五、任务实施

（一）工艺分析

1. 工艺过程及要点

该任务零件轴心线为工艺基准，零件右端面中心为工件坐标系原点，工件伸出卡盘90 mm，工件装夹采用三角卡盘夹紧。

工步顺序如下：

（1）粗车零件右端轮廓。

（2）精车零件右端轮廓。

（3）切螺纹退刀槽。

（4）车螺纹。

（5）切工艺槽。

（6）粗车零件左端轮廓。

（7）精车零件左端轮廓。

（8）切断。

2. 工艺过程及参数设置（见表 1-8-3）

表 1-8-3 工艺过程及参数设置

序号	工步内容	刀　具	切削用量			加工余量/mm	备注
			n/(r/min)	F/(mm/min)	A_p/mm		
1	粗车外径轮廓	T01：外圆车刀	600	100	1	0.4	
2	精车外径轮廓	T01：外圆车刀	1 000	40	0.4	0	
3	切螺纹退刀槽	T02：切槽刀	400	40			
4	车螺纹	T03：螺纹刀	200				
5	车工艺槽	T02：切槽刀	200	40			
6	粗车零件左端轮廓	T02：切槽刀	200	40			
7	精车零件左端轮廓	T02：切槽刀	400	30			
8	切　断	T02：切槽刀	200	40			

（二）程序编制及解析（见表 1-8-4）

表 1-8-4 程序编制与解析

加工程序	程序解析	备注
O0001；	程序号	
M03 S600；	设定主轴转速	
T0101；	调用外圆刀	

加工程序	程序解析	备注
G00 X32.0 Z2.0;	车刀快速到达循环点	
G71 U1.0 R1.0;		
G71 P10 Q20 U0.4 W0.1 F100;	零件右端轮廓粗车程序段	
N10 G00 X0;	零件右端轮廓精加工开始程序段	
G01 X0 Z0 F40;		
G03 X20.0 Z-10.0 R10.0;		
G01 Z-20.0;		
X21.0;		
X24.0 Z-21.5;		
Z-44.0;		
X28.0;		
Z-82.0;		
N20 G01 X32.0 Z-82.0;	零件右端轮廓精加工结束程序段	
G00 X150.0 Z150.0;	快速退刀	
M05;	主轴停止	
M00;	暂停	
M03 S1000;	设置精加工主轴转速	
G00 X32.0 Z2.0;	刀具快速定位到循环点	
G70 P10 Q20;	零件右端轮廓精车程序段	
G00 X150.0 Z150.0;	快速退刀	
M05;	主轴停止	
M00;	暂停	
M03 S400;	设置切槽主轴转速	
T0202;	调用切槽刀	
G00 X30.0 Z-44.0;	切槽刀快速定位到槽的上方	
G01 X21.5 Z-44.0 F40.0;	切槽	
G04 X2.0;	暂停 2 s	
G01 X30.0 Z-44.0 F200;	抽刀	
G00 X150.0 Z150.0;	快速退刀	
M03 G97 S200;	设置螺纹切削主轴转速,要求恒转速方式	
T0303;	调用切槽刀	
G00 X26 Z-18;	快速定位至螺纹切削循环点	
G92 X23.4 Z-42.0 F2.0;	螺纹切削第一刀	
X23.0;		
X22.7;		
X22.4;		
X22.2;		
X22.05;	螺纹切削最后一刀	
X22.05;	光刀	

加工程序	程序解析	备注
G00 X150.0 Z150;	快速退刀	
M05;	主轴停止	
M00;	暂停	
切断刀先车工艺槽，再由左向右切削零件左端轮廓		
M03 S200;	设置主轴转速	
T0202;	调用切槽刀	
G00 X32.0 Z-82.0;	快速定位到工艺退刀槽的上方	
G94 X20.0 Z-82.0 F40;		
X16.0;		
X12.0;	车工艺槽	
G72 U3.0 R0.1;		
G72 P30 Q40 U0.4 W0.1 F40;	左端轮廓粗车削	
N30 G00 Z-63.0;		
G01 X18.0 Z-63.0;		
G01 Z-78.0;		
G03 X12.0 Z-81.0 R3.0;		
N40 G01 X12.0 Z-82.0;		
G00 X150.0;		
M05;	主轴停止	
M00;	暂停	
M03 S400;		
G00 X32.0;		
G70 P30 Q40;	左端轮廓精车削	
G00 X150.0;		
M05;	主轴停止	
M00;	暂停	
M03 S200;		
G00 X32.0 Z-81.0;		
G94 X8.0 Z-81.0 F20;		
X-1.0;	工件切断	
G00 X150;		
Z150;		
M05;		
M30;		

（三）检查考核（见表1-8-5）

表1-8-5　任务八考核标准及评分表

姓名			班级			学号		总分	
序号	考核项目	考核内容			配分	评分标准		检验结果	得分
1	加工质量（60分）	外圆	$\phi 20 \pm 0.02$	IT	3分	超差0.01扣2分			
				Ra	4分	降一级扣2分			
			$\phi 20^{0}_{-0.021}$	IT	5分	超差0.01扣2分			
				Ra	4分	降一级扣2分			
			$\phi 28^{0}_{-0.021}$	IT	5分	超差0.01扣2分			
				Ra	4分	降一级扣2分			
		长度	18	IT	4分				
			20	IT	4分				
			77 ± 0.03	IT	6分				
		螺纹	M24×1.5	IT、Ra	8分				
		圆弧	R10	IT	4分				
				Ra	4分				
		退刀槽	4×1.5	特征	3分				
		其他	端面、倒角	形状	3分				
2	工艺与编程（20分）	加工顺序、工装、切削参数等工艺合理（10分）							
		程序、工艺文件编写规范（10分）							
3	职业素养（10分）	着装	按规范着装		每违反一次扣5分，扣完为止				
		纪律	不迟到、不早退、不旷课、不打闹						
		工位整理	工位整洁，机床清理干净，日常维护						
4	文明生产（10分）	按安全文明生产有关规定，每违反一项从中扣5分，发生严重操作失误（如断刀、撞机等）每次从中扣5分，发生重大事故取消成绩。工件必须完整、无局部缺陷（夹伤等），否则扣5分							
指导教师							日期		

六、任务小结

通过本任务的训练，学习轴类零件两端车削加工方法，掌握G72指令格式及编程技巧。G72指令车削时，一定要预留出退刀位置，否则会撞刀。因此，使用G72指令反方向切削时，要首先切出退刀槽，可配合采用G94与G72指令。

任务九　斜壁槽类零件车削加工（G72）

一、任务导入

数控车床除了能加工轴类、圆锥圆弧类、螺纹类零件外，还能加工槽类零件，如常见的带轮等零件，如图 1-9-1 所示。该任务零件的局部轮廓特征是两端大、中间小，加工路线如何安排？用什么指令编程？

本任务主要学习使用 G72 指令加工斜壁槽类零件。

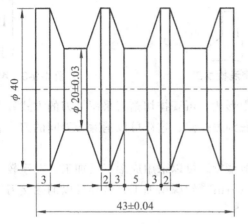

图 1-9-1　斜壁槽加工零件图

二、任务分析

斜壁槽在普通车床上加工时一般先用切槽刀车直槽，再用成形刀加工两侧锥面至尺寸要求；在数控车床上一般用一把切槽刀即可完成。如果用 G01 指令来加工斜壁槽类零件，同样会使程序烦琐和计算量增大，因此可以采用 G72 指令来加工，使程序简洁。该任务零件加工顺序可采用外圆车刀车零件右端面及外圆；切槽刀依次车 3 个斜壁槽；切槽刀切断工件。

三、相关知识

（一）槽加工刀路设计

在车削加工的各种零件结构中，槽的加工容易导致切槽刀折损以致加工效果欠佳，这是因为切槽刀刀刃悬伸长度较大，所受力矩大，容易振动；同时，槽结构内部排屑困难，切屑易堵塞发热，甚至熔化黏附在刃口。

常见的槽结构包括窄浅槽、窄深槽、宽槽、斜壁槽等，加工时应考虑实际槽的结构，合理安排工艺参数及走刀刀路，具体介绍如下：

（1）对于宽度和深度均不大的窄浅槽，可采用与槽等宽的刀具，直接一次切入成形。注意切槽刀到达槽底后利用 G04 暂停指令短暂停留，以修整槽底圆度，如图 1-9-2 所示。

（2）对于宽度值不大、但深度较大的窄深槽，可安排采用"进—退—进—退……"的逐次进刀刀路，这样利于断屑和排屑，避免因排屑不畅而导致扎刀和断刀，如图 1-9-3 所示。

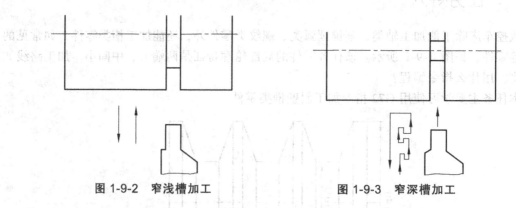

图 1-9-2　窄浅槽加工　　　　　　　图 1-9-3　窄深槽加工

（3）对于宽度较大的矩形槽，可安排切槽刀采用排刀的方式径向切削粗加工，然后沿一侧车削到槽底，精加工槽底到另一侧，这样可以消除接刀间的刀痕和余量，保证槽底的粗糙度要求，如图 1-9-4 所示。

（4）对于小于刀宽的斜壁槽，可以采用成形刀具加工。对于较宽的斜壁槽，可安排切槽刀采用径向切削粗加工，然后沿槽轮廓精加工，这样可以消除接刀间的刀痕和余量，保证槽底的粗糙度要求，如图 1-9-5 所示。

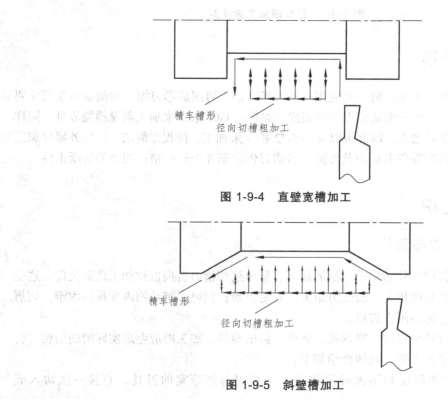

图 1-9-4　直壁宽槽加工

图 1-9-5　斜壁槽加工

90

（二）任务知识点难点解析

本任务斜壁槽较窄，可采用成形刀具车削，适用批量生产。下面介绍采用切槽刀径向切削粗加工，然后沿槽轮廓精加工的方法，具体工序如图 1-9-6～1-9-13 所示。

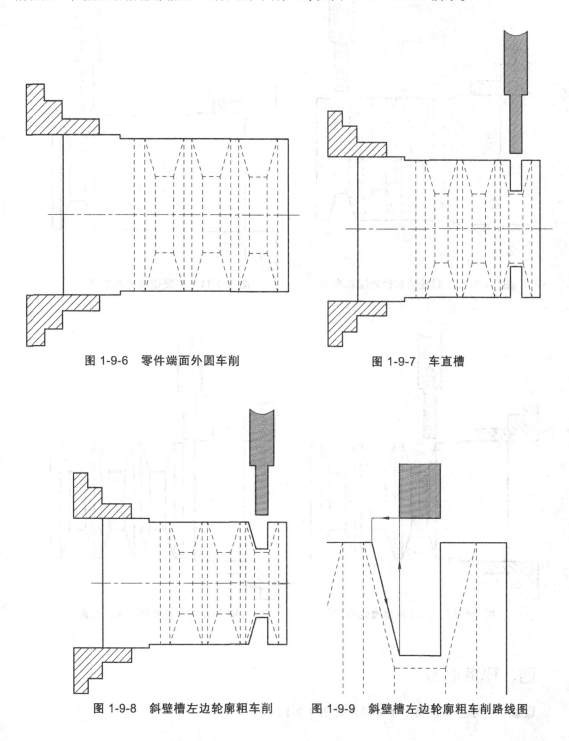

图 1-9-6　零件端面外圆车削

图 1-9-7　车直槽

图 1-9-8　斜壁槽左边轮廓粗车削

图 1-9-9　斜壁槽左边轮廓粗车削路线图

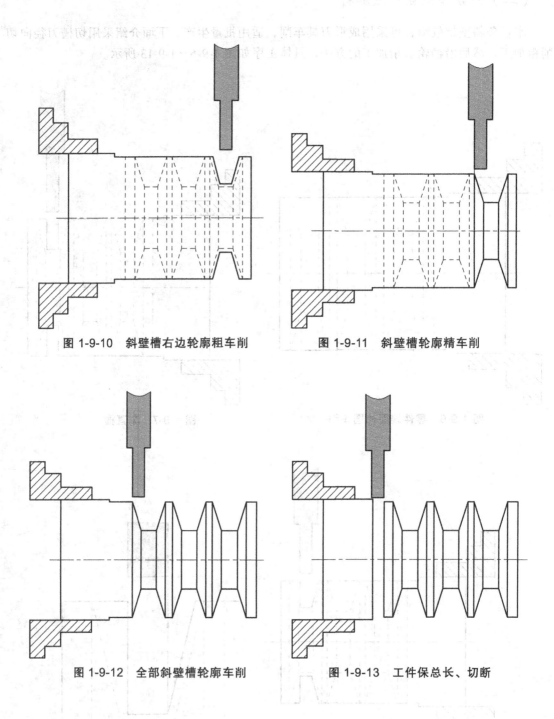

图 1-9-10　斜壁槽右边轮廓粗车削

图 1-9-11　斜壁槽轮廓精车削

图 1-9-12　全部斜壁槽轮廓车削

图 1-9-13　工件保总长、切断

四、任务准备

设备、毛坯、刀具及工量具要求如表 1-9-1 所示。

表 1-9-1 设备、材料及工量具清单

序 号	名 称	规 格	数 量	备 注
		设 备		
1	数控车床	CNC6136，配三角自定心卡盘	1 台 / 2 人	
		耗 材		
1	棒 料	45 钢，ϕ 42 mm × 65 mm	1 根 / 人	
		刀 具		
1	T01	机夹式外圆车刀，硬质合金	1 把 / 车床	
2	T02	切断刀，宽 4 mm，高速钢	1 把 / 车床	
		量 具		
1	钢 尺	0～200 mm	1 把 / 车床	
2	游标卡尺	0～150 mm（分度 0.02 mm）	1 把 / 车床	
3	千分尺	25～50 mm（分度 0.01 mm）	1 把 / 车床	
		工 具		
1	毛 刷		1 把 / 车床	
2	开口扳手		1 把 / 车床	
3	六角扳手		1 把 / 车床	

五、任务实施

（一）工艺分析

1. 工艺过程及要点

以零件右端面中心为工件坐标系原点，采用从右到左加工，加工路线安排如下：

（1）粗车零件右端面及外圆。

（2）精车零件右端面及外圆。

（3）粗加工斜壁槽。

（4）精加工斜壁槽至尺寸要求。

（5）切断工件。

2. 工艺过程及参数设置（见表 1-9-2）

表 1-9-2 工艺过程及参数设置

序 号	工步内容	刀 具	切削用量			加工余量 /mm	备注
			n/(r/min)	F/(mm/min)	A_p/mm		
1	粗车外径轮廓	T01：外圆车刀	600	100	1	0.4	
2	精车外径轮廓	T01：外圆车刀	1 000	40	0.4	0	
3	粗加工斜壁槽	T02：切槽刀	400	40			
4	精加工斜壁槽	T02：切槽刀	400	40			
5	切 断	T02：切槽刀	200	20			

（二）程序编制及解析（见表 1-9-3）

表 1-9-3　程序编制及解析

加工程序	程序解析	备注
O0001；	程序号	
M03 S600 T0101；	调用外圆车刀，设定主轴转速	
G00 X44.0 Z2.0；	车刀快速到达循环点	
G94 X-1.0 Z0 F40；	车零件右端面	
G90 X40.4 Z-50.0 F100；	粗车零件外圆	
M03 S1000；		
G90 X40.0 Z-50.0 F40；	精车零件外圆	
G00 X100.0 Z100.0；		
M05；		
M00；		
M03 S400；		
T0202；	调用切断刀	
G00 X42.0 Z-10.5；	定位到第一个斜壁槽上方	
G94 X20.4 Z-10.5 F40；	G94 切直槽，切出供 G72 退刀的退刀槽	
G72 U3.0 R0.1；	G72 粗车第一个斜壁槽的右端锥面	
G72 P30 Q40 U0.4 W0.1 F40；		
N30 G00 Z-7.0；		
G01 X40.0；		
G01 X20.0 Z-10.0；		
N40 G01 Z-10.5；		
G72 U3.0 R0.1；	G72 粗车第一个斜壁槽的左端锥面	
G72 P50 Q60 U0.4 W0.1 F40；		
N50 G00 Z-14.0；		
G01 X40.0；		
X20.0 Z-11.0；		
N60 G01 X20.0 Z-10.5；		
G00 X100；		
M00；		
M03 S400；		
G00 X42.0 Z-14.0；	精车第一个斜壁槽轮廓开始	
G01 X40.0；		
X20.0 Z-11.0；		
Z-10.0；		
X40.0 Z-7.0；		
X42.0；	精车第一个斜壁槽轮廓结束	
G00 X100.0；		
Z100.0；		

加工程序	程序解析	备注
M05;		
M00;		
...		
第二个、第三个斜壁槽加工方法与第一个相同		
M03 S200;		
T0202;	调用切断刀	
G00 Z-47.0;		
X44.0;		
G94 X30.0 Z-47.0 F20;		
X20.0;		
X10.0;		
X-1.0;	工件切断	
G00 X150.0 Z150.0;		
M05;		
M30;		

（三）检查考核（表1-9-4）

表 1-9-4　任务九考核标准及评分表

姓名				班级		学号		总分	
序号	考核项目	考核内容			配分	评分标准		检验结果	得分
1	加工质量（60分）	外圆	$\phi 20 \pm 0.03$	IT	5分	超差0.01扣2分			
				Ra	4分	降一级扣2分			
			$\phi 40$	IT	3分				
				Ra	4分				
		长度	43	IT	5分				
		斜壁槽（3处）		特征	36分				
		其他	端面、倒角	形状	3分				
2	工艺与编程（20分）	加工顺序、工装、切削参数等工艺合理（10分）							
		程序、工艺文件编写规范（10分）							
3	职业素养（10分）	着装	按规范着装			每违反一次扣5分，扣完为止			
		纪律	不迟到、不早退、不旷课、不打闹						
		工位整理	工位整洁，机床清理干净，日常维护						
4	文明生产（10分）	按安全文明生产有关规定，每违反一项从中扣5分，发生严重操作失误（如断刀、撞机等）每次从中扣5分，发生重大事故取消成绩。工件必须完整、无局部缺陷（夹伤等），否则扣5分							
指导教师							日期		

六、任务小结

本任务使用 G72 指令车削用 G71 指令无法完成的两端大、中间小的特征类零件。由于切槽刀的切削刃较宽、刀头强度差，很难保证零件的表面粗糙度和精度。因此，在使用 G72 指令车削此类斜壁槽时，要遵循先径向粗车，后轮廓精车的原则。

项目四强化训练题

题 1

题 2

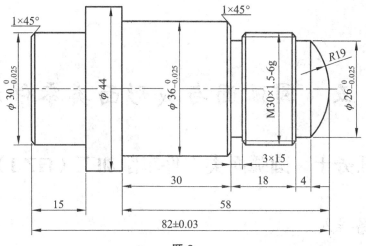

题 3

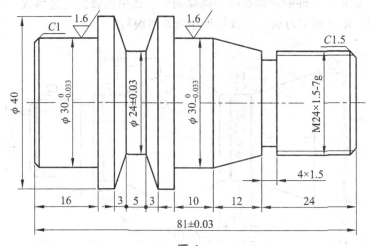

题 4

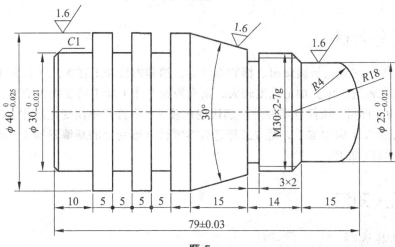

题 5

项目五　圆弧面与成形面类零件加工

任务十　圆弧面类零件车削加工（G73）

一、任务导入

如图 1-10-1 所示，工件的形状是凹凸圆弧面形状或由圆弧面连接而成。对于该类零件，该选择什么类型、角度的车刀加工？数控程序该如何编写？

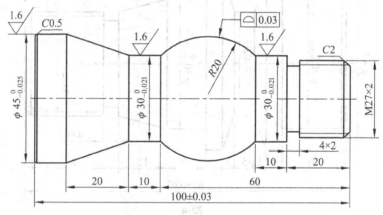

图 1-10-1　圆弧面类零件图

二、任务分析

本任务的加工内容包括圆弧面、槽和螺纹等，槽和螺纹加工在前几个任务中已经介绍。圆弧面的加工在普通车床上加工难度较大，而在数控车床上加工将变得很简单，用圆弧加工指令 G02 或 G03 即可。该任务零件外形起伏变化较大，不符合单调变化规律，因此不能用轴向粗车循环指令 G71 编程加工，而应选择适合本零件外形变化的新编程加工指令，即由封闭切削循环指令 G73 加工。

三、相关知识

（一）刀具选择

由于该任务零件外形不符合单调变化规律，如选择普通 90° 外圆车刀，车削时会因副偏角过小而发生刀具干涉。因此，工件外形加工应选择 55°仿形车刀或刀尖角为 30°~35°的外圆车刀。

（二）封闭切削循环指令 G73

封闭切削循环是一种复合固定循环，如图 1-10-2 所示。封闭切削循环适用于对铸、锻毛坯切削，对零件轮廓的单调性则没有要求。

指令格式：

G73 U（i）W（k）R（d）；

G73 P（ns）Q（nf）U（Δu）W（Δw）F（f）S（s）T（t）；

指令说明： i 表示 X 轴总退刀量（半径值）；k 表示 Z 轴总退刀量；d 表示重复加工次数；ns 表示精加工轮廓程序段中开始程序段的段号；nf 表示精加工轮廓程序段中结束程序段的段号；Δu 表示 X 轴精加工余量；Δw 表示 Z 轴精加工余量。

（三）刀尖半径补偿

零件加工程序一般是以刀具的某一点（通常情况下为理想刀尖，如图 1-10-2 中的 A 点）按零件图纸进行编制的。但实际加工中的车刀，由于工艺或其他要求，刀尖往往不是一理想点，而是一段圆弧。切削加工时，真实的刀刃是由圆弧构成的（刀尖半径），在圆弧插补的情况下刀尖路径会带来误差，造成过切或少切，影响零件的精度。因此，在加工中要进行刀尖半径补偿，以提高零件精度。

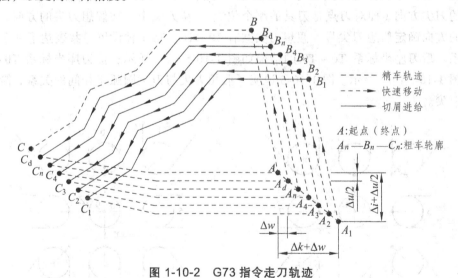

图 1-10-2　G73 指令走刀轨迹

指令格式：

G41 G01（G00）X___ Z___；（左补偿）

G42 G01（G00）X___ Z___；（右补偿）

G40 G01（G00）X___ Z___；（取消刀尖半径补偿）

G41、G42 指令的区别：处在补偿平面（XZ 平面）外另一根轴（Y 轴）的正向，沿刀具的移动方向看，当刀具处在切削轮廓的右侧时，称为刀具半径右补偿，用 G42 指令；当刀具处在切削轮廓的左侧时，称为刀具半径左补偿，用 G41 指令。

后刀座坐标系中，因 Y 轴向上，俯视与判断方法一致，沿刀具的移动方向看，刀具处在切削轮廓的左侧时，用刀具半径左补偿 G41 指令；刀具处在切削轮廓的右侧时，用刀具半径右补偿 G42 指令，如图 1-10-3 所示。

前刀座坐标系中，因 Y 轴向下，应仰视判断，与俯视判断方法相反，沿刀具的移动方向看，刀具处在切削轮廓的左侧时，用刀具半径右补偿 G42 指令；刀具处在切削轮廓的右侧时，用刀具半径左补偿 G41 指令，如图 1-10-4 所示。

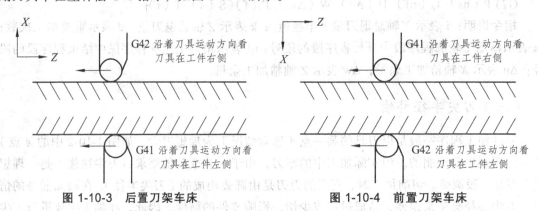

图 1-10-3　后置刀架车床　　　　　　图 1-10-4　前置刀架车床

在实际加工中，假想刀尖点与刀尖圆弧中心点有不同的位置关系，因此要正确建立假想刀尖的刀尖方向（即对刀点是刀具的哪个位置）。从刀尖中心往假想刀尖的方向看，由切削刀具的方向确定假想刀尖号。假想刀尖共有 10（T0～T9）种设置，共表达了 9 个方向的位置关系。后刀座坐标系 T0～T9 的情况如图 1-10-5（a）所示；前刀座坐标系 T0～T9 的情况如图 1-10-5（b）所示。图 1-10-5 说明了假想刀尖与刀尖圆弧半径间的关系，箭头终点是假想刀尖。

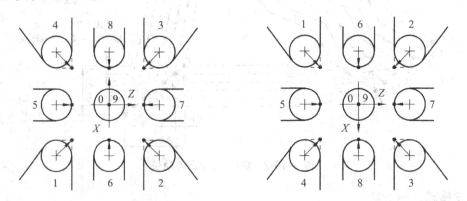

●代表刀具刀位点 A，＋代表刀尖圆弧圆心 O　　●代表刀具刀位点 A，＋代表刀尖圆弧圆心 O

　　　　（a）后置刀架车床　　　　　　　　　（b）前置刀架车床

图 1-10-5　车刀刀尖位置码定义

在刀偏设置页面中，刀尖半径 R 与假想刀尖号 T 的设置如表 1-10-1 所示。

表 1-10-1　刀尖半径补偿参数设置

序号	X	Z	R	T
000	0.000	0.000	0.000	0
001	10.700	− 0.810	0.040	3
002	− 7.150	80.620	0.100	2
...	...	...	...	...
032	0.000	0.000	0.000	0

注意:

（1）初始状态 CNC 处于刀尖半径补偿取消方式，在执行 G41 或 G42 指令后，CNC 开始建立刀尖半径补偿偏置方式。在补偿开始时，CNC 预读两个程序段，执行一个程序段时，下一程序段存入刀尖半径补偿缓冲存储器中。在单段运行时，读入两个程序段，执行第一个程序段终点后停止。在连续执行时，预先读入正在 CNC 中执行的程序段的两个程序段。

（2）在刀尖半径补偿中，处理两个或两个以上无移动指令的程序段时（如辅助功能、暂停等），刀尖中心会移到前一程序段的终点并垂直于前一程序段程序路径的位置。

（3）在录入方式（MDI）下不能执行刀补建立，也不能执行刀补撤销。

（4）刀尖半径 R 值不能为负值，否则运行轨迹会出错。

（5）刀尖半径补偿的建立与撤销只能用 G00 或 G01 指令，不能用圆弧指令（G02 或 G03）。如果用，会产生报警。

（6）按 RESET（复位）键，CNC 将取消刀补补偿模式。

（7）在程序结束前必须指定 G40 取消偏置模式；否则再次执行时刀具轨迹偏离一个刀尖半径值。

（8）在主程序和子程序中使用刀尖半径补偿，在调用子程序前（即执行 M98 前），CNC 必须处于补偿取消模式，在子程序中再次建立刀补。

（9）G71、G72、G73、G74、G75、G76 指令不执行刀尖半径补偿，暂时撤销补偿模式。

（10）G90、G94 指令在执行刀尖半径补偿时，无论是 G41 还是 G42 都一样偏移一个刀尖半径（按假想刀尖 0 号）进行切削。

四、任务准备

设备、毛坯、刀具及工量具要求如表 1-10-2 所示。

表 1-10-2　设备、材料及工量具清单

序 号	名 称	规 格	数 量	备 注
		设 备		
1	数控车床	CNC6136，配三角自定心卡盘	1 台 / 2 人	
		耗 材		
1	棒 料	45 钢，φ50 mm×125 mm	1 根 / 人	

序 号	名 称	规 格	数 量	备 注
刀 具				
1	T01	机夹式仿形车刀，硬质合金	1 把/车床	
2	T02	切断刀，高速钢	1 把/车床	
3	T03	机夹式螺纹刀，硬质合金	1 把/车床	
量 具				
1	钢 尺	0～200 mm	1 把/车床	
2	游标卡尺	0～150 mm（分度 0.02 mm）	1 把/车床	
3	千分尺	25～50 mm（分度 0.01 mm）	1 把/车床	
4	R 规	R18	2 套/车间	
5	环 规	M27×2	2 个/车间	
工 具				
1	毛 刷		1 把/车床	
2	开口扳手		1 把/车床	
3	六角扳手		1 把/车床	

五、任务实施

（一）工艺分析

1. 工艺过程及要点

以零件右端面中心为工件坐标系原点，采用从右到左加工，加工路线安排如下：

（1）粗车外径轮廓。

（2）精车外径轮廓。

（3）切槽。

（4）车螺纹。

（5）切断。

2. 工艺过程及参数设置（见表 1-10-3）

表 1-10-3　工艺过程及参数设置

序号	工步内容	刀 具	切削用量			加工余量 /mm	备注
			n/(r/min)	F/(mm/min)	A_p/mm		
1	粗车外径轮廓	T01：仿形车刀	600	100	1.0	0	
2	精车外径轮廓	T01：仿形车刀	1 000	40	0.4	0	
3	切 槽	T02：切断刀	200	40			
4	车螺纹	T03：螺纹刀	200				
5	切 断	T02：切断刀	200	40			

（二）程序编制及解析（见表 1-10-4）

表 1-10-4　程序编制及解析

加工程序	程序解析	备注
O0001；	程序号	
M03 S600 T0101；	调用仿形车刀，设定主轴转速	
G00 X52.0 Z2.0；	快速定位到循环起点	
G73 U10.0 W1.8 R11.0；	封闭循环粗车零件外轮廓	
G73 P10 Q20 U0.4 W0.1 F100；		
N10 G41 G01 X23.0 Z0 F40 D01；	精车第一步，X 轴和 Z 轴同时进给	
G01 X27.0 Z-2.0；		
Z-15.0；		
X30.0 Z-20.0；	此步要走斜线切削，由于使用 55° 仿形车刀，走直线切削，会对轴肩过切。使用刀尖角为 30°～35° 的外圆车刀则可避免此情况	
Z-30.0；	车外圆	
G03 X30.0 Z-60.0 R18.0；	车圆弧	
Z-70.0；		
X45.0 Z-90.0；		
X45.0 Z-100.0；		
N20 G40 G01 X52.0；	精加工结束程序段	
G00 X100.0 Z100.0；	刀具退刀至换刀点	
M05；	主轴停止	
M00；	暂停	
M03 S1000；	主轴正转，设定精加工转速 1 000 r/min	
G00 X52.0 Z2.0；	刀具定位回循环起点	
G70 P10 Q20；	精加工程序段	
G00 X100.0 Z100.0；	刀具退刀至换刀点	
M05；	主轴停止	
M00；	暂停	
T0202；	切槽刀	
M03 S200；	主轴正转，设定车槽转速 200 r/min	
G00 Z-20.0；		
X32.0；	快速定位至槽的上方，采用先进 Z 轴再进 X 轴的定位方式	
G94 X23.0 Z-20.0 F40.0；	切槽	

加工程序	程序解析	备注
G00 X100.0;		
Z100.0;	快速退刀	
M05;	主轴停止	
M00;	暂停	
T0303;	螺纹车刀	
M03 S200;	主轴正转，设定车螺纹转速 200 r/min	
G00 X29.0 Z2.0;		
G92 X26.2 Z-17.0 F2.0;	螺纹粗车削	
X25.6;		
X25.1;		
X24.8;		
X24.6;		
X24.5;	螺纹精加工	
X24.4;		
X24.4;	光螺纹	
G00 X100.0 Z100.0;	快速退刀	
M05;	主轴停止	
M00;	暂停	
M03 S200;	工件切断主轴转速	
T0202;	切槽刀	
G00 Z-104.0;		
X52.0;	快速定位	
G94 X30.0 Z-109.0 F40;	G94 指令切槽	
X20.0;		
X10.0;		
X-1.0;	工件切断	
G00 X100.0;		
Z100.0;	快速退刀	
M05;	主轴停止	
M30;	程序结束	

（三）检查考核（见表 1-10-5）

表 1-10-5　任务十考核标准及评分表

姓名			班级		学号		总分	
序号	考核项目	考核内容			配分	评分标准	检验结果	得分
1	加工质量（60分）	外圆	$\phi 30_{-0.021}^{0}$	IT	10分	超差0.01扣2分		
				Ra	10分	降一级扣2分		
			$\phi 45_{-0.025}^{0}$	IT	5分	超差0.01扣2分		
				Ra	5分	降一级扣2分		
		长度	20	IT	3分			
			60	IT	3分			
			100 ± 0.03	IT	5分			
		螺纹	M27×2	IT、Ra	7分			
		圆弧面	R20	⌒ 0.03	3分			
				Ra	3分			
		退刀槽	4×1.5		3分			
		其他	端面、倒角		3分			
2	工艺与编程（20分）	加工顺序、工装、切削参数等工艺合理（10分）						
		程序、工艺文件编写规范（10分）						
3	职业素养（10分）	着装	按规范着装			每违反一次扣5分，扣完为止		
		纪律	不迟到、不早退、不旷课、不打闹					
		工位整理	工位整洁，机床清理干净，日常维护					
4	文明生产（10分）	按安全文明生产有关规定，每违反一项从中扣5分，发生严重操作失误（如断刀、撞机等）每次从中扣5分，发生重大事故取消成绩。工件必须完整、无局部缺陷（夹伤等），否则扣5分						
指导教师						日期		

六、任务小结

G73 指令主要针对零件轮廓有凹凸圆弧的零件加工。同时，G73 区别于 G71、G72 的另一个特点是，车削时 X 轴和 Z 轴同时进给，实现封闭循环车削。完成本任务训练后，还应思考解答以下几个问题：

（1）55°仿形车刀与刀尖角为 30°~35°的外圆车刀的使用特点是什么？各适用于什么样的加工对象？

（2）任务九中的直壁宽槽、斜壁槽类零件能否使用封闭循环指令 G73 加工？

任务十一　成形面类零件加工（G73）

一、任务导入

加工如图 1-11-1 所示的工件，毛坯为铸件，工件表面预留 2 mm 的车削加工余量。对于该类铸件的加工，该如何安排走刀路线才能提高切削效率？应选择什么形状的刀具车削？

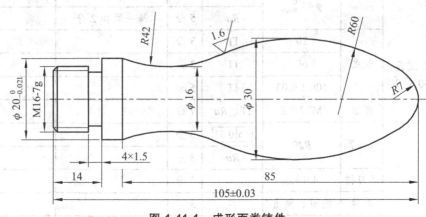

图 1-11-1　成形面类铸件

二、任务分析

加工本任务工件应采用 G73 指令加工。一方面，因为工件毛坯为铸件，与棒料毛坯相比，零件的大部分切削余量已经去掉。封闭切削循环 G73 指令在切削工件时，刀具轨迹是零件精加工轨迹的偏移，当零件毛坯为初步成形工件时，G73 指令能进行高效率切削，去掉空走刀部分刀路。另一方面，零件外形凹凸起伏，不符合单调变化规律，因此采用 G71 走刀不可行。具体加工顺序是，使用 G73 指令加工零件的外轮廓圆弧和外圆、切槽、车螺纹、切断。

本任务的另一难点在于求拐点坐标，可通过计算求出，也可通过 AutoCAD 软件绘图查询。

三、相关知识

（一）刀具选择

由于零件外形不符合单调变化规律，如选择普通 90°外圆车刀，车削时会因副偏角过小而发生刀具干涉；如选择 55°仿形车刀，加工工件中的圆弧 R7 时，主切削刃也会发生干涉。因此，零件外形加工应选择刀尖角为 30°～35°的外圆车刀，如图 1-11-2、图 1-11-3 所示。

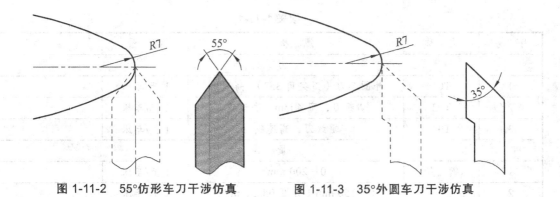

图 1-11-2　55°仿形车刀干涉仿真　　　图 1-11-3　35°外圆车刀干涉仿真

（二）编程要点

由于本任务毛坯为铸件，毛坯表面仅留有 2 mm 的车削余量，因此，该工件的编程与任务十零件的编程有区别。G73 指令编程的优越性也体现在对铸件、锻件已初步成形的工件上。学习者要注意总结任务十、任务十一的各自特点，灵活运用。

（1）G73 指令。

指令格式：

G73 U（i）　W（k）　R（d）；

G73 P（ns）　Q（nf）　U（Δu）　W（Δw）　F（f）　S（s）　T（t）；

指令说明： i 表示 X 轴总退刀量（半径值）；k 表示 Z 轴总退刀量；d 表示重复加工次数。

（2）各参数设定计算。

i＿＿，X 轴总退刀量（半径值）= X 轴的总余量（2 mm）- X 轴的第一刀切削深度（1 mm）

＝ 1.0（mm）

d＿＿，重复加工次数，即粗切削走刀次数，X 轴的总余量为 2 mm，每次吃刀深度为 1 mm，因此走刀次数为 2 次。

k＿＿，Z 轴总退刀量的设定参照任务十。

因此，G73 指令的各参数设定为

G73 U（1.0）　W（k）　R（2）；

G73 P（ns）　Q（nf）　U（0.4）　W（0）　F（100）　S（s）　T（t）；

四、任务准备

设备、毛坯、刀具及工量具要求如表 1-11-1 所示。

表 1-11-1　设备、材料及工量具清单

序　号	名　称	规　格	数　量	备　注
设　备				
1	数控车床	CNC6136，配三角自定心卡盘	1 台/3 人	
耗　材				
1	铸　件	45 钢，铸件表面预留 2 mm 余量	1 根/人	

序 号	名 称	规 格	数 量	备 注
刀 具				
1	T01	外圆车刀（刀尖角 35°），高速钢	1 把/车床	
2	T02	切断刀，宽 4 mm，高速钢	1 把/车床	
3	T03	螺纹刀，高速钢	1 把/车床	
量 具				
1	钢 尺	0～200 mm	1 把/车床	
2	游标卡尺	0～150 mm（分度 0.02 mm）	1 把/车床	
3	千分尺	0～35 mm（分度 0.01 mm）	1 把/车床	
4	R 规	R7、R42、R60	2 套/车间	
5	环 规	M16×2	2 套/车间	
工 具				
1	毛 刷		1 把/车床	
2	开口扳手		1 把/车床	
3	六角扳手		1 把/车床	

五、任务实施

（一）工艺分析

1. 工艺过程及要点

以零件右端面中心为工件坐标系原点，采用从右到左加工，加工路线安排如下：

（1）粗车零件圆弧面和外圆。

（2）精车零件圆弧面和外圆。

（3）切槽。

（4）车螺纹。

（5）切断。

2. 工艺过程及参数设置（见表 1-11-2）

表 1-11-2　工艺过程及参数设置

序号	工步内容	刀　具	切削用量			加工余量 /mm	备注
			$n/(r/min)$	$F/(mm/min)$	A_p/mm		
1	粗车外径轮廓	T01：仿形车刀	400	120	1.0	0.3	
2	精车外径轮廓	T01：仿形车刀	600	60	0.3		
3	切　槽	T02：切断刀	200	40	4		
4	车螺纹	T03：螺纹刀	200				
5	切　断	T02：切断刀	200	40	4		

（二）程序编制及解析（见表 1-11-3）

表 1-11-3 程序编制及解析

加工程序	程序解析	备注
O0001；	程序号	
M03 S400 T0101；	调用 35°外圆车刀，设定主轴转速	
G00 X37.0 Z2.0；	快速定位到循环起点	
G73 U1.0 W1.0 R2.0；	封闭循环粗车零件外轮廓	
G73 P10 Q20 U0.3 W0.1 F120；		
N10 G41 G01 X0 Z0 F60 D01；	精车第一步，X 轴和 Z 轴同时进给	
G03 X11.408 Z-2.942 R7.0；	车圆弧	
G03 X23.256 Z-62.117 R60.0；	车圆弧	
G02 X20.0 Z-85.0 R42.0；	车圆弧	
G01 X20.0 Z-91.0；	车外圆	
G01 X16.0 Z-95.0；	此步要走斜线切削，垂直车削 35°外圆，车刀副后刀面会与轴肩发生干涉	
G01 X16.0 Z-110.0；		
N20 G01 G40 X37.0；	提刀，精加工结束程序段	
G00 X100.0 Z100.0；	刀具退刀至换刀点	
M05；	主轴停止	
M00；	暂停	
M03 S600；	主轴正转，设定精加工转速 600 r/min	
G00 X37.0 Z2.0；	刀具定位回循环起点	
G70 P10 Q20；	精加工程序段	
G00 X100.0 Z100.0；	刀具退刀至换刀点	
M05；	主轴停止	
M00；	暂停	
T0202；	车槽刀	
M03 S200；	主轴正转，设定车槽转速 200 r/min	
G00 Z-95.0；		
X22.0；	快速定位至槽的上方，采用先进 Z 轴再进 X 轴的定位方式	
G94 X12.0 Z-95.0 F40.0；	切槽	
G00 Z-109.0；		
G94 X12.0 Z-109.0 F40.0；	车远端螺纹退刀槽	
G00 X100.0；		

加工程序	程序解析	备注
Z100.0;	快速退刀	
M05;	主轴停止	
M00;	暂停	
T0303;	螺纹车刀	
M03 S200;	主轴正转，设定车螺纹转速 200 r/min	
G00 Z-93.0;		
X22.0;	快速定位至槽的上方，采用先进 Z 轴再进 X 轴的定位方式	
G92 X15.2 Z-107.0 F2.0;	螺纹粗车削	
X14.6;		
X14.1;		
X13.8;		
X13.6;		
X13.5;	螺纹精加工	
X13.4;		
X13.4;	光螺纹	
G00 X100.0;		
Z100.0;	快速退刀	
M05;	主轴停止	
M00;	暂停	
M03 S200;		
T0202;		
G00 Z-109.0;		
X22.0;		
G94 X10.0 Z-109.0 F40;		
X6.0;		
X-1.0;	工件切断	
G00 X100.0;		
Z100.0;		
M05;	主轴停止	
M30;	程序结束	

（三）检查考核（见表1-11-4）

表1-11-4　任务十一考核标准及评分表

姓名		班级			学号		总分	
序号	考核项目	考核内容			配分	评分标准	检验结果	得分
1	加工质量 （60分）	圆弧面	$R7$	⌒	3分	超差0.01扣2分		
				Ra	3分	降一级扣2分		
			$R42$	⌒	5分	超差0.01扣2分		
				Ra	5分	降一级扣2分		
			$R60$	⌒	5分	超差0.01扣2分		
				Ra	5分	降一级扣2分		
		长度	14	IT	5分			
			105 ± 0.03	IT	6分			
		外圆	$\phi20_{-0.021}^{0}$	IT	3分	超差0.01扣2分		
				Ra	4分	降一级扣2分		
			$\phi30$	IT、 Ra	3分			
		螺纹	M16-7g	IT、 Ra	7分			
		退刀槽	4×1.5		3分			
		其他	端面、倒角	IT、 Ra	3分			
2	工艺与编程 （20分）	加工顺序、工装、切削参数等工艺合理（10分）						
		程序、工艺文件编写规范（10分）						
3	职业素养 （10分）	着装	按规范着装		每违反一次扣5分，扣完为止			
		纪律	不迟到、不早退、不旷课、不打闹					
		工位整理	工位整洁，机床清理干净，日常维护					
4	文明生产 （10分）	按安全文明生产有关规定，每违反一项从中扣5分，发生严重操作失误（如断刀、撞机等）每次从中扣5分，发生重大事故取消成绩。工件必须完整、无局部缺陷（夹伤等），否则扣5分						
	指导教师						日期	

六、任务小结

掌握铸件、锻件类零件的加工特点，灵活运用G73指令。总结任务十和任务十一的异同点。

项目五强化训练题

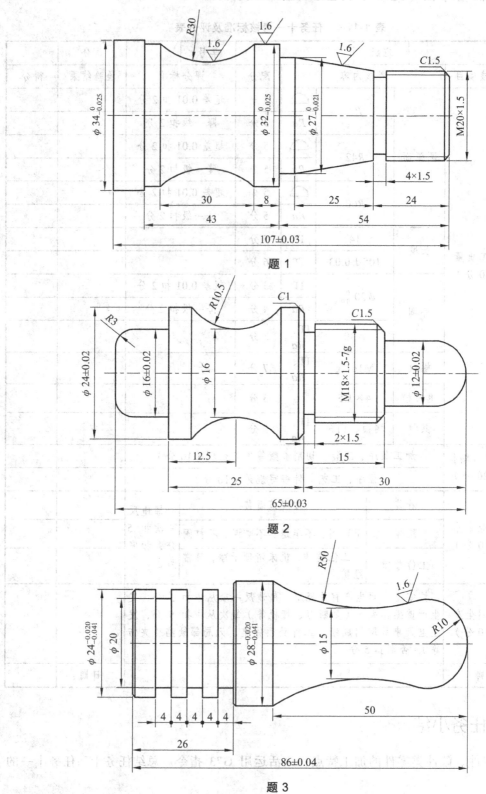

题 1

题 2

题 3

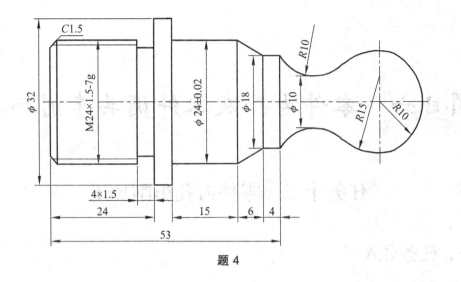

C1.5
φ 32
M24×1.5-7g
φ 24±0.02
φ 18
φ 10
R10
R15
R10
4×1.5
24
15
6
4
53

题 4

项目六　零件内孔及零件调头车削加工

任务十二　零件内孔车削加工

一、任务导入

前面的任务已经学习了零件外轮廓的数控车削方法。那么，如何进行零件内孔轮廓编程与加工？与外轮廓编程加工相比，有哪些区别？

如图 1-12-1 所示的零件内孔结构特征轮廓包括内孔轮廓、内槽和内螺纹。

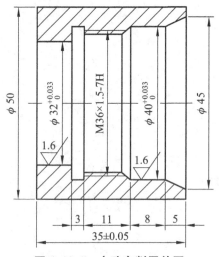

图 1-12-1　内孔车削零件图

二、任务分析

此零件结构特征包括直孔、锥孔、台阶孔、内槽和内螺纹等形式。其中，内孔 $\phi 40$ mm 和 $\phi 32$ mm 有较高的精度要求；其他精度要求一般，表面粗糙度全部为 $Ra3.2$。该内孔结构简单且有单调规律，使用 G71 指令编程用内孔外圆刀加工即可，加工时注意保证 $\phi 40$ mm 和 $\phi 32$ mm 的精度要求。内槽车削选择内孔切槽刀车削，加工时注意防止刀具和工件之间发生干涉，另外切削用量相比外轮廓要小些。内螺纹加工，选择内螺纹刀，螺纹加工前，注意预留孔的直径计算。

三、相关知识

（一）孔加工刀具

孔加工刀具按其用途可分为两大类：

（1）一类是钻头，它主要用于在实心材料上钻孔（有时也用于扩孔），根据钻头构造及用途不同，可分为麻花钻（见图1-12-2）、扁钻、中心钻（见图1-12-3）及深孔钻等。这类刀具用于4工位数控车床时，使用时需要用锥柄钻夹头（见图1-12-4、图1-12-5）夹持，然后将钻夹头锥柄插入车床尾座孔内，手动旋转尾座手柄，进行钻孔加工；用于6工位或8工位旋转刀架台或倾斜刀架台数控车床时，可将钻头安装在刀架台的孔中，找正后，自动车削加工，也可像4工位数控车床，使用尾座进给加工。

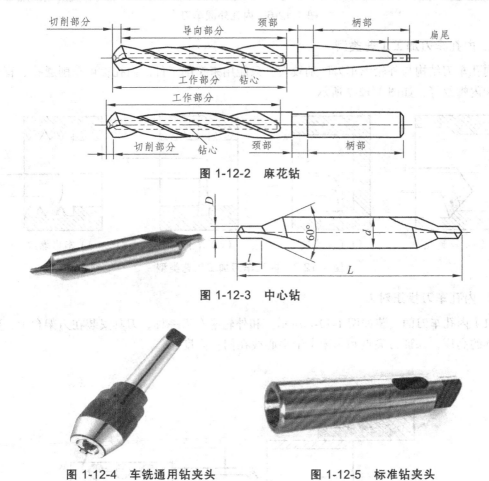

图 1-12-2　麻花钻

图 1-12-3　中心钻

图 1-12-4　车铣通用钻夹头　　　　图 1-12-5　标准钻夹头

常见钻头和中心钻材质为高速钢，二者在使用时区别较大。中心钻易碎，使用时应遵循以下原则：主轴转速在800 r/min以上，一般设定800～1 200 r/min；进给量要小，自动进给时设定20～40 mm/min，手动进给时，需握紧尾座手柄缓慢摇动，遇阻力时，退刀再进刀，直到加工完成。钻头刚性差、易断、易磨损，加工时，开启乳化液，转速要小，一般设定150～350 r/min，进给量设定20～50 mm/min。

（2）另一类是对已有孔进行再加工的刀具，如内孔外圆车刀（见图 1-12-6）、内孔切槽刀、内螺纹刀、扩孔钻及铰刀等。内孔外圆车刀分通孔和盲孔两种，如图 1-12-7（a）、（b）所示。

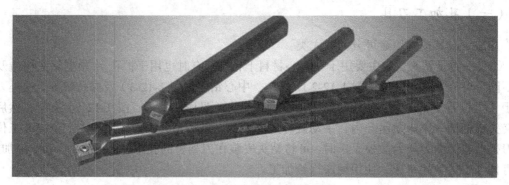

图 1-12-6　内孔外圆车刀

1. 内孔车刀加工工艺类型

内孔车刀结构与外轮廓车刀区别较大，只能用来车削工件的内孔；可车削通孔、盲孔、内槽和内螺纹等，如图 1-12-7 所示。

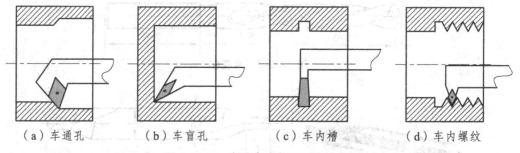

（a）车通孔　　　（b）车盲孔　　　（c）车内槽　　　（d）车内螺纹

图 1-12-7　内孔车刀加工工艺类型

2. 内孔车刀找正对刀

（1）内孔车刀的安装如图 1-12-8 所示。和外轮廓车刀一样，刀具安装在刀架台上，要调整刀具的高度，保证刀尖点和车床主轴中心线在同一高度。

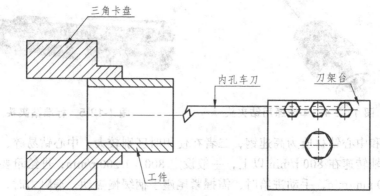

图 1-12-8　内孔车刀的安装

（2）内孔车刀对刀。

① 内孔外圆车刀。

Z 向对刀：由于内轮廓车刀刀杆强度较差，一般不能使用内孔车刀平端面。Z 向对刀采用触碰的方式，即预先由外圆车刀将工件的端面平好，内孔车刀刀尖接触工件端面，即沿 X 轴退刀，到录入方式下，输入 Z0，完成 Z 向对刀。

X 向对刀：按图 1-12-7（a）所示，使用内孔车刀车一段内孔，够使用量具测量即可，原路径沿 Z 向退刀，使用内径测量工具测量，将测量的 X，输入到输入方式的刀补中，完成 X 向对刀。

② 内孔切槽刀和内螺纹刀可参照外轮廓切槽刀和螺纹刀完成对刀。

（二）内孔测量工具认识

内孔测量工具常用的有内径千分尺、内径百分表、塞规等。内孔结构处于工件内部，不便于测量，且误差较大，因此，合理正确地使用内孔量具是进行内孔加工的前提。

1. 内径千分尺

内径千分尺的分度精度及读数方式和外径千分尺一样，区别是顺时针拧动千分尺套筒手柄时，外径千分尺读数变小，内径千分尺读数变大。内径千分尺如图 1-12-9 所示。

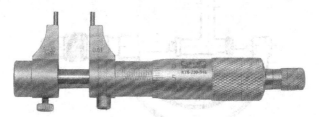

图 1-12-9　内径千分尺

2. 内径百分表

内径百分表用来测量圆柱孔，它附有成套的可调测量头，使用前必须先进行组合和校对零位，如图 1-12-10 所示。

图 1-12-10　内径百分表

组合时，将百分表装入连杆内，使小指针指在 0～1 的位置上，长针和连杆轴线重合，刻度盘上的字应垂直向下，以便于测量时观察，装好后应予以紧固。

粗加工时最好先用游标卡尺或内卡钳测量。因内径百分表同其他精密量具一样属于贵重仪器，其好坏与精确直接影响到工件的加工精度和其使用寿命。粗加工时工件加工表面粗糙不平而测量不准确，也易使测头磨损。因此，须加以爱护和保养，精加工时再进行测量。

测量前应根据被测孔径大小用外径百分尺调整好尺寸后才能使用百分表，调整尺寸时，正确选用可换测头的长度及其伸出距离，应使被测尺寸在活动测头总移动量的中间位置。测量时，连杆中心线应与工件中心线平行，不得歪斜，同时应在圆周上多测几个点，找出孔径的实际尺寸，看是否在公差范围以内，如图 1-12-11 所示。

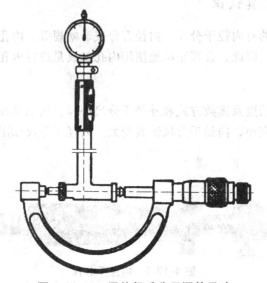

图 1-12-11　用外径千分尺调整尺寸

3. 塞规

塞规属于产品质量检验工具，一般车削加工中，操作人员不使用，只是质检人员在质量控制时使用。

（三）切削用量的选择

由于内孔车刀的刀体强度较差，在选择切削用量时，应适当减小其数值。总的来说，内孔车刀的切削用量主要根据其截面尺寸、刀具材料、工件材料以及加工性质等因素来选择。刀杆截面尺寸大的切削用量选得大些；硬质合金内孔车刀比高速钢内孔车刀选用的切削用量要大；车塑性材料时的切削速度比车脆性材料时的切削速度要高，而进给量要略小一些。

（四）一般内孔加工工艺过程

当工件是实心件时，刀具无法进入工件内部进行内孔轮廓的镗孔加工，因此内孔轮廓加工过程为：

118

（1）使用中心钻在工件上打中心孔。

（2）将适当直径的钻头装入车床尾架。

（3）使用钻头在工件中心预钻孔。

（4）对刀进行内孔轮廓的粗、精加工。

（5）内槽、内螺纹加工。

内孔轮廓的粗加工同样使用 G71 指令完成，但其设置与外圆轮廓的粗加工设置不同。

指令格式：

G71 U（Δd）R（e）；

G71 P（ns）Q（nf）U（Δu）W（Δw）F___ S___ T___；

注意：

（1）X 轴精加工余量 ΔU 的值为负值。

（2）内孔加工时，刀具是从 X 轴坐标值由小到大的方向加工。

（3）其余外圆轮廓加工一致。

例： 内孔轮廓车削如图 1-12-12 所示。毛坯 $\phi 50$ mm × 45 mm，45 钢，已钻出 $\phi 32$ mm 的内孔。

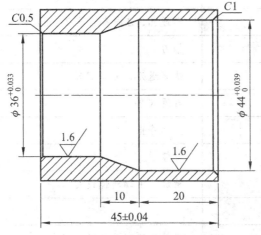

图 1-12-12　内孔轮廓车削示意图

程序编制与解析如表 1-12-1 所示。

表 1-12-1　内轮廓程序编制与解析

加工程序	程序解析	备注
O0001；	程序号	
M08；	开乳化液	
T0101；	选择 1 号刀及 1 号刀偏（内孔外圆车刀）	
M03 G97 S400；	主轴恒转速 400 r/min	
G00 X100.0 Z100.0；	快速定位到起刀点	

加工程序	程序解析	备注
G00 X30.0;	刀具快速靠近工件，先进 X 轴	
G00 Z20.0;	再进 Z 轴	
G01 Z2.0 F200;	初学者以进给方式接近工件，防止撞刀	
G71 U0.8 R1.0;	粗加工程序段	
G71 P10 Q20 U-0.4 W0.1 F80;	注意 X 轴精加工余量 ΔU 的值为负值	
N10 G00 X46.0;	精加工开始程序段，直径由小到大	
G01 X46.0 Z0 F30;	设置精加工进给量	
X44.02 Z-1.0;	倒角	
X44.02 Z-20.0;	车内孔	
X36.017 Z-30.0;	车内锥孔	
Z-47.0;	车通孔，Z 向多进给 2 mm，保证孔车通	
N20 G01 X30.0 Z-47.0;	抽刀	
G00 Z100.0;	快速退刀，先退 Z 轴	
G00 X100.0;	再退 X 轴	
M05;	主轴停止	
M00;	暂停	
M03 S800;	精加工主轴转速设置	
G00 X30.0;		
Z2.0;	刀具快速定位到循环起点	
G70 P10 Q20;	精加工程序段	
G00 Z150.0;		
X150.0;	快速抽刀	
M05;	主轴停止	
M02;	程序结束	

（五）任务知识点难点解析

由于零件内螺纹加工的最终目的是和外螺纹配合，因此内螺纹的中径等参数与外螺纹的各参数要符合一定的公差关系。本任务中内螺纹为 M36×1.5-7H，在车削加工之前，也应先计算各参数数值，如螺纹底孔等，如图 1-12-13 所示。

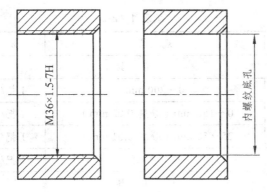

图 1-12-13 内螺纹底孔

内螺纹底孔直径计算：

$$底孔直径 = \phi 36（螺纹公称直径）- 2 \times 0.975（螺纹牙深）= \phi 34.05$$

考虑配合公差，内螺纹底孔直径等于 $\phi 34.15$ mm。

注意：

（1）不能将螺纹底孔直径加工至 $\phi 36$ mm。此情况常发生在初学者编程加工过程中。

（2）内螺纹和外螺纹牙深是一样的。

四、任务准备

设备、材料及工量具要求如表 1-12-2 所示。

表 1-12-2 设备、材料及工量具清单

序号	名 称	规 格	数 量	备 注
		设 备		
1	数控车床	CNC6136，配三角自定心卡盘	1 台/2 人	
		耗 材		
1	棒 料	45 钢，$\phi 50$ mm×37 mm	1 根/人	
		刀 具		
1		中心钻（配车床锥柄夹头），高速钢	1 把/车床	
2		钻头（配锥柄），$\phi 10$ mm，高速钢	1 把/车床	
3		钻头（配锥柄），$\phi 30$ mm，高速钢	1 把/车床	
4	T01	内孔外圆刀，硬质合金	1 把/车床	
5	T02	内孔切槽刀，硬质合金	1 把/车床	
6	T03	内螺纹车刀，硬质合金	1 把/车床	

序 号	名 称	规 格	数 量	备 注
量 具				
1	钢 尺	0～200 mm	1 把/车床	
2	游标卡尺	0～150 mm（分度 0.02 mm）	1 把/车床	
3	内径千分尺	25～50 mm（分度 0.01 mm）	1 把/车床	
4	塞 规	M36×1.5	1 把/车床	
工 具				
1	毛 刷		1 把/车床	
2	开口扳手		1 把/车床	
3	六角扳手		1 把/车床	

五、任务实施

（一）工艺分析

1. 工艺过程及要点

以零件右端面中心为工件坐标系原点，加工工序安排如下：

（1）打工件右端中心孔。

（2）钻孔。

（3）扩孔。

（4）内轮廓粗加工。

（5）内轮廓精加工。

（6）切内槽。

（7）车内螺纹。

2. 工艺过程及参数设置（见表 1-12-3）

表 1-12-3　工艺过程及参数设置

序号	工步内容	刀 具	切削用量			加工余量 /mm	备注
			n/(r/min)	F/(mm/min)	A_p/mm		
1	打中心孔	中心钻	1 000	手动控制			
2	钻 孔	钻头（ϕ10 mm）	200	手动控制			
3	扩 孔	钻头（ϕ30 mm）	200	手动控制			
4	内轮廓粗车削	T01：内孔外圆车刀	400	80	0.8	0.4	
5	内轮廓精车削	T01：内孔外圆车刀	800	40	0.4		
6	车内槽	T02：内孔切槽刀	200	20			
7	车内螺纹	T03：内螺纹车刀	200				

（二）程序编制及解析（见表 1-12-4）

表 1-12-4　程序编制及解析

加工程序	程序解析	备注
O0001；	程序号（毛坯已经加工出 ϕ30 mm 的内孔）	
M03 S400 T0101；	调用内孔外圆刀，设定主轴转速	
G00 X28.0；	车刀快速到达循环点，先定位 X 轴	
Z2.0；	再定位 Z 轴	
G71 U0.8 R1.0；		
G71 P10 Q20 U-0.4 W0.1 F80；	内轮廓粗车程序段	
N10 G00 X45.0；	精加工开始程序段	
G01 X45.0 Z0 F40；	设定精加工进给量	
X40.0 Z-5.0；	车内锥面	
Z-13.0；	车内孔	
X34.15 Z-15.0；		
X34.15 Z-28.0；	车内螺纹预留孔，根据 $36-1.3=34.7$（mm），配合间隙 0.1 mm，预留孔直径：$34.7+0.1=34.8$（mm）	
X32.0；		
Z-38.0；	车通孔，Z 向多进给 2 mm，保证孔车通	
G00 Z100.0；	快速退刀，先退 Z 轴	
X100.0；	再退 X 轴	
M05；	主轴停止	
M00；	暂停	
M03 S800；	设定精加工主轴转速	
G00 X28.0；		
Z2.0；	快速定位至循环点	
G70 P10 Q20；	精加工程序段	
G00 Z150.0；		
X150.0；	快速退刀	
M05；	主轴停止	
M00；	暂停	

加工程序	程序解析	备注
M03 S200；	设定车内槽主轴转速	
T0202；	调用内孔切槽刀	
G00 X30.0；		
Z2.0；	刀具快速接近工件	
G01 Z-28.0 F100；	进给方式定位至循环点	
G01 X38.0 Z-28.0 F20；	内槽切削	
G04 X2.0；	暂停 2 s	
G01 X30.0 Z-28.0 F100；	抽刀	
G00 Z150；		
X150；	快速退刀	
M05；	主轴停止	
M00；	暂停	
M03 S200；	设定螺纹切削转速	
T0303；	调用内螺纹刀	
G00 X32.0；		
Z2.0；	刀具快速接近工件	
G01 Z-11.0 F100；	进给方式定位至循环点	
G92 X35.2 Z-26.0 F1.0；	螺纹切削第一刀	
X35.5；		
X35.8；		
X36.0；		
X36.1；	最后一刀	
G00 Z150.0；		
X150.0；	快速退刀	
M05；	主轴停止	
M30；	程序结束	

（三）检查考核（见表 1-12-5）

表 1-12-5　任务十二考核标准及评分表

姓名		班级			学号		总分	
序号	考核项目	考核内容			配分	评分标准	检验结果	得分
1	加工质量（60分）	外圆	$\phi 32^{+0.033}_{0}$	IT	5分	超差 0.01 扣 2 分		
				Ra	5分	降一级扣 2 分		
			$\phi 40^{+0.033}_{0}$	IT	5分	超差 0.01 扣 2 分		
				Ra	5分	降一级扣 2 分		
			$\phi 45$	IT	4分			
			$\phi 50$	IT	4分			
		长度	5	IT	3分			
			8	IT	3分			
			35 ± 0.05	IT	5分			
		螺纹	M36×1.5-7H	IT、Ra	10分			
		退刀槽	3×1.5		4分			
		其他	端面、倒角	IT、Ra	5分			
2	工艺与编程（20分）	加工顺序、工装、切削参数等工艺合理（10分）						
		程序、工艺文件编写规范（10分）						
3	职业素养（10分）	着装	按规范着装		每违反一次扣 5 分，扣完为止			
		纪律	不迟到、不早退、不旷课、不打闹					
		工位整理	工位整洁，机床清理干净，日常维护					
4	文明生产（10分）	按安全文明生产有关规定，每违反一项从中扣 5 分，发生严重操作失误（如断刀、撞机等）每次从中扣 5 分，发生重大事故取消成绩。工件必须完整、无局部缺陷（夹伤等），否则扣 5 分						
指导教师							日期	

六、任务小结

零件内孔车削与外轮廓车削区别较大，在实际操作中容易出现各种问题。完成本任务训练后，还应思考解答以下几个问题：

（1）内孔车刀快速接近、离开工件要遵循什么原则？能否 X、Z 向同时快速定位接近或离开工件？

（2）内轮廓加工使用粗车循环指令 G71 U W P（ns） Q（nf） U（Δu） W（Δw） F__ S___ T___；与外轮廓有什么区别？走刀路线是否相同？

（3）内螺纹车削加工底孔的孔径如何计算？

（4）内径千分尺和内径百分表各有何特点？如何正确使用？

任务十三　零件调头车削加工

一、任务导入

如图 1-13-1 所示零件的加工，要保证工件基本的尺寸精度、表面粗糙度之外，还要保证同轴度精度要求，而且操作时需要进行调头加工（二次装夹）。通过本任务的训练掌握零件调头加工精度控制操作方法。

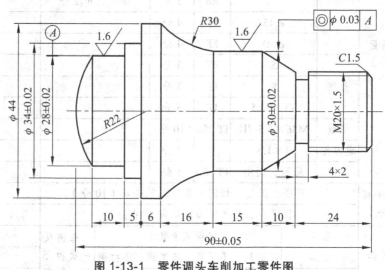

图 1-13-1　零件调头车削加工零件图

二、任务分析

此零件加工顺序可采用先加工零件左端部分。左端轮廓符合单调规律，使用 G71 指令加工。加工时留出足够的精加工外圆长度，调头，使用三爪自定心卡盘夹持零件 $\phi28$ mm 外圆，夹持时用铜皮包裹外圆面，防止零件已精加工面夹伤。打表找正后，用活顶尖顶紧零件右端，这之前注意控制零件的总长。零件右端轮廓也符合单调规律，使用 G71 指令编程加工，最后切槽、车螺纹。

本任务的目的是学习零件二次装夹加工的相关工艺方法，掌握车床零件调头打表操作，并保证零件的同轴度精度和尺寸精度。

三、相关知识

（一）打表找正

工件左端轮廓完成粗、精加工，如图 1-13-2 所示。松开卡盘，调转工件，用三角卡盘夹持工件 $\phi28$ mm 外圆处。工件装夹时，让 $\phi28$ mm 处周肩与卡盘靠紧，然后拧紧卡盘。

126

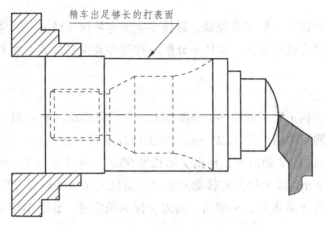

图 1-13-2　粗、精车零件左端外轮廓

　　数控车床的三爪自定心卡盘虽然能自动定心，但考虑到卡盘平面螺纹的传动间隙和卡盘装夹面的接触情况，定心精度并不高，且夹紧力不大。因此，工件在进行第一段加工时，应当考虑加工足够的长度，以便车好一头表面后调头，用三爪卡盘夹持刚车过的表面时，有足够的打表部位来校正车过的表面（一般是外圆面，也可使用零件端面），从而保证零件同轴度要求，如图 1-13-3 所示。

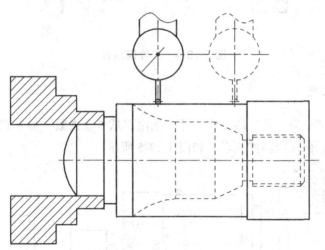

图 1-13-3　工件调头打表找正

打表找正方法如下：

（1）打表前，注意三角卡盘不要过紧夹持工件。将杠杆百分表磁力表座放置在刀架台上，调整表头的位置，让指针与打表面有效接触。

（2）以手轮方式 Z 向移动刀架台，杠杆百分表指针在待测圆柱面上拖动，根据指针指向，用小铜棒轻敲工件，待表针指向稳定后，开启主轴，转速不易过高，50 r/min 即可。再次拖动杠杆百分表，找正工件的同轴度，精度控制在 ϕ0.03 mm 公差范围内，打表找正完成。

（3）借助加力杆，拧紧卡盘，夹紧工件。

（二）保工件总长

工件长度方向的精度一般要求较低，数控车床很容易保证精度。工件总长一般都有公差要求，保精度要选择合适的方法，本任务介绍一种零件调头二次装夹加工，如何快速、准确保总长。

步骤如下：

（1）在工件打表找正后，调用 90°外圆车刀，平一段端面，X 向退刀，然后用卡尺测量零件的总长，假如测量的结果是 90.27 mm，而工件技术要求总长为（90 ± 0.05）mm。

（2）操作机床面板，Z 轴清零，根据实际长度 90.27 – 90（中值）= 0.27（mm），工件要切除的厚度为 0.27 mm，以手轮方式移动刀架台，至机床显示器显示刀具位置为 Z – 0.27。

（3）以手轮方式 X 向进刀，平端面，退刀，保总长完成，如图 1-13-4 所示。

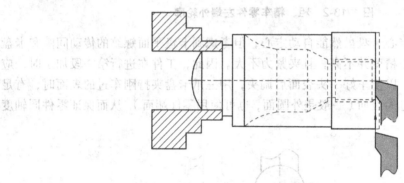

图 1-13-4　工件保总长

（三）工件装夹

工件装夹采用"一夹一顶"的方式，即一端用三爪卡盘夹紧，另一端用活顶尖顶紧，实现限制工件自由度，保证同轴度要求，如图 1-13-5 所示。

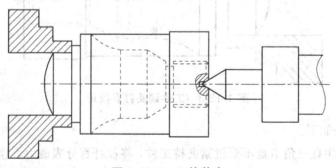

图 1-13-5　工件装夹

（四）工件调头二次加工

由于工件采用"一夹一顶"的方式，因此刀具在对刀和车削加工的过程中，注意防止刀具与活顶尖之间发生碰撞干涉，如图 1-13-6 所示。

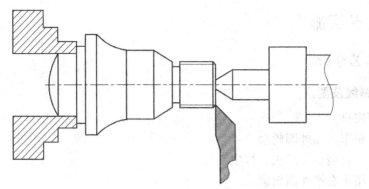

图 1-13-6　工件调头二次加工

四、任务准备

设备、材料及工量具要求如表 1-13-1 所示。

表 1-13-1　设备、材料及工量具清单

序 号	名 称	规 格	数 量	备 注
设 备				
1	数控车床	CNC6136，尾座与回转顶尖	1 台/2 人	
耗 材				
1	棒 料	45 钢，ϕ45 mm×95 mm	1 根/人	
刀 具				
1	T01	机夹式外圆车刀，硬质合金	1 把/车床	
2	T02	切槽刀，宽 4 mm（自定），高速钢	1 把/车床	
3	T03	机夹式螺纹车刀，硬质合金	1 把/车床	
量 具				
1	钢 尺	0～200 mm	1 把/车床	
2	游标卡尺	0～150 mm（分度 0.02 mm）	1 把/车床	
3	外径千分尺	25～50 mm（分度 0.01 mm）	1 把/车床	
4	杠杆百分表	0～10 mm（分度 0.01 mm），配磁性表座、表杆	1 把/车床	
工 具				
1	毛 刷		1 把/车床	
2	铜 皮		1 片/车床	
3	铜 棒		1 条/车床	
4	开口扳手		1 把/车床	
5	六角扳手		1 把/车床	
6	活顶尖		1 个/车床	

五、任务实施

（一）工艺分析

1. 工艺路线及要点

加工工序安排如下：

（1）粗、精车左端外圆轮廓。

（2）调头，打表，保总长，打中心孔。

（3）粗、精车右端外圆轮廓。

（4）车槽。

（5）车螺纹。

2. 工艺过程及参数设置（见表 1-13-2）

表 1-13-2　工艺过程及参数设置

序　号	工步内容	刀具	切削用量			加工余量/mm	备注
			n/(r/min)	F/(mm/min)	A_p/mm		
1	粗车左端外圆轮廓	T01：外圆车刀	600	100	1	0.4	
2	精车左端外圆轮廓	T01：外圆车刀	1 000	40	0.4		
3	零件调头	打表、控制零件总长、钻中心孔、装夹工件					
4	粗车左端外圆轮廓	T01：外圆车刀	600	100	1	0.4	
5	精车左端外圆轮廓	T01：外圆车刀	1 000	40	0.4		
6	车退刀槽	T02：切槽刀	400	40			
7	车螺纹	T03：螺纹刀	200				

（二）程序编制及解析（见表 1-13-3）

表 1-13-3　程序编制及解析

加工程序	程序解析	备注
O0001；	程序号	
M03 S600 T0101；	调用外圆车刀，设定主轴转速	
G00 X47.0 Z2.0；	车刀快速到达循环点	
G71 U1.0 R1.0；		
G71 P10 Q20 U0.4 W0.1 F100；	粗车零件左端轮廓程序段	
N10 G00 X0；	精加工开始程序段	
G01 X0 Z0 F30；	设定精加工进给量	
G03 X28.0 Z-4.0 R40.0；	车圆弧	

130

加工程序	程序解析	备注
G01 Z-14.0;	车外圆	
X34.0;		
Z-19.0;	车外圆	
X44.0;		
Z-60.0;	车出预留打表外圆面	
N20 G01 X47 Z-60.0;	精加工结束程序段	
G00 X150.0 Z150.0;	快速退刀	
M05;	主轴停止	
M00;	暂停	
M03 S1000;	设定精加工主轴转速	
G00 X47.0 Z2.0;	快速定位至循环点	
G70 P10 Q20;	精加工程序段	
G00 X150.0 Z150.0;	快速退刀	
M05;	主轴停止	
M00;	暂停	
调头，打表找正，控制零件总长，钻中心孔，"一夹一顶"装夹工件		
M03 S600 T0101;	调用外圆车刀，设定主轴转速	
G00 X47.0 Z2.0;	车刀快速到达循环点	
G71 U1.0 R1.0;		
G71 P30 Q40 U0.4 W0.1 F100;	粗车零件右端轮廓程序段	
N30 G00 X0;	精加工开始程序段	
G01 X0 Z0 F40;	设定精加工进给量	
X16.0;		
X20.0 Z-2.0;	倒角	
Z-24.0;	车外圆	
X30.0 Z-34.0;		
Z-49.0;	车外圆	
G02 X44.0 Z-65.0 R30.0;	车圆弧面	
N40 G01 X47.0 Z-65.0;	精加工结束程序段	
G00 X150 Z150;	快速退刀	

加工程序	程序解析	备注
M05；	主轴停止	
M00；	暂停	
M03 S1000；	设定精加工主轴转速	
G00 X47.0 Z2.0；	快速定位至循环点	
G70 P30 Q40；	精加工程序段	
G00 X150.0 Z150.0；	快速退刀	
M05；	主轴停止	
M00；	暂停	
M03 S400 T0202；	调用切槽刀，设定主轴转速	
G00 X24.0 Z-24.0；	快速定位至切槽点	
G01 X16.0 Z-24.0 F40；	切槽	
G04 X2.0；	暂停 2 s	
G01 X24.0 Z-24.0 F200；	进给方式退出工艺槽	
G00 X150.0 Z150.0；	快速退刀	
M05；	主轴停止	
M00；	暂停	
M03 G97 S200；	设定螺纹车削主轴转速	
T0303；	调用螺纹刀	
G00 X22.0 Z2.0；	快速定位至螺纹车削循环点	
G92 X19.3 Z-22.0 F1.5；	螺纹车削第一刀	
X18.9；		
X18.5；		
X18.2；		
X18.1；		
X18.05；		
X18.05；	螺纹车削最后一刀	
G00 X150.0 Z150.0；	快速退刀	
M05；	主轴停止	
M30；	程序结束	

（三）检查考核（见表 1-13-4）

表 1-13-4　任务十三考核标准及评分表

姓名			班级			学号		总分	
序号	考核项目	考核内容			配分	评分标准		检验结果	得分
1	加工质量（60分）	外圆	$\phi 28 \pm 0.02$	IT	3分	超差 0.01 扣 2 分			
				Ra	3分	降一级扣 2 分			
			$\phi 30 \pm 0.02$	IT	3分	超差 0.01 扣 2 分			
				Ra	3分	降一级扣 2 分			
			$\phi 34 \pm 0.02$	IT	3分	超差 0.01 扣 2 分			
				Ra	3分	降一级扣 2 分			
			$\phi 44$	IT、Ra	3分				
		长度	5	IT	2分				
			6	IT	2分				
			10	IT	2分				
			15	IT	2分				
			16	IT	2分				
			24	IT	2分				
			90 ± 0.05	IT	5分				
		同轴度	◎ $\phi 0.03$	IT	7分				
		圆弧面	R22	Ra	3分				
			R30	Ra	3分				
		螺纹	M20×1.5	IT、Ra	5分				
		退刀槽	4×2		2分				
		其他	端面、倒角	IT、Ra	2分				
2	工艺与编程（20分）	加工顺序、工装、切削参数等工艺合理（10分）							
		程序、工艺文件编写规范（10分）							
3	职业素养（10分）	着装	按规范着装			每违反一次扣 5 分，扣完为止			
		纪律	不迟到、不早退、不旷课、不打闹						
		工位整理	工位整洁，机床清理干净，日常维护						
4	文明生产（10分）	按安全文明生产有关规定，每违反一项从中扣 5 分，发生严重操作失误（如断刀、撞机等）每次从中扣 5 分，发生重大事故取消成绩。工件必须完整、无局部缺陷（夹伤等），否则扣 5 分							
	指导教师							日期	

六、任务小结

本任务与前面任务不同的是工件需要调头二次装夹加工。工件的定位基准改变，需打表找正，满足工件的同轴度要求。因此，打表找正是本任务要掌握的核心技能。在此基础上，还应思考：

（1）零件调头加工，还有没有其他保总长的方法？

（2）使用活顶尖时，编程加工路径与之前编程加工路径有何不同？

项目六强化训练题

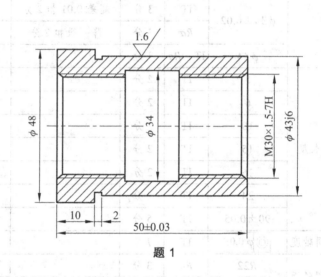

题 1

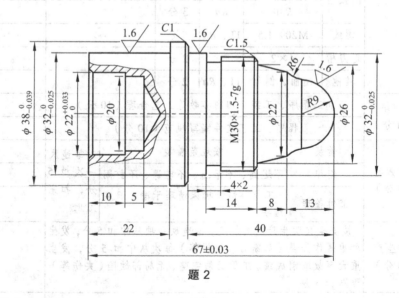

题 2

134

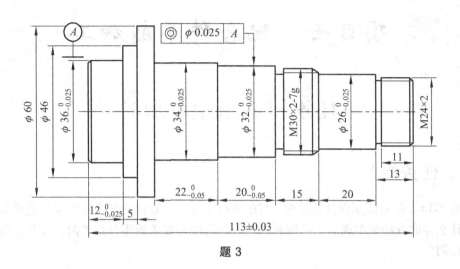

题 3

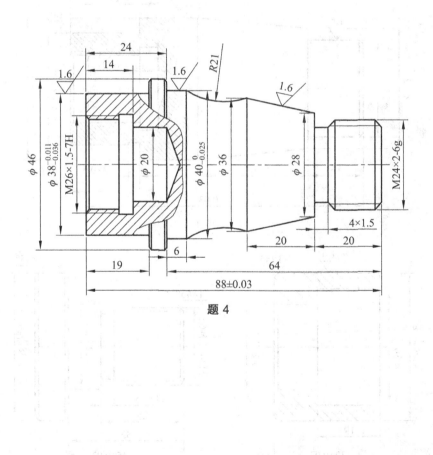

题 4

135

项目七 配合件车削加工

任务十四 配合件加工

一、任务导入

如图 1-14-1 所示的配合件零件图，当配合件中的一个零件或几个零件无法直接装夹加工时，用什么样的方法来实现加工的顺利进行？当有配合要求的零件加工时，零件之间配合精度如何控制？

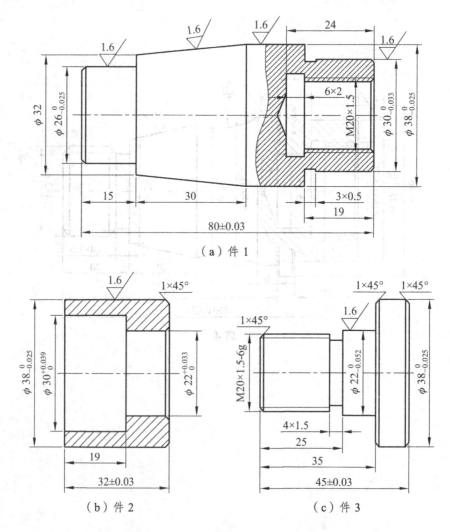

（a）件 1

（b）件 2　　　　　（c）件 3

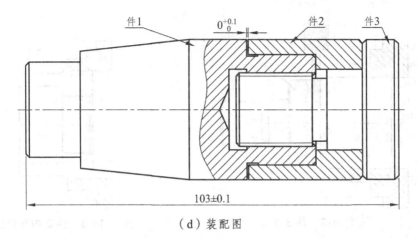

（d）装配图

图 1-14-1　配合件零件图

本任务除了常规零件的车削加工外，还包括圆柱面配合、螺纹联接的配做加工。此类零件通常先加工其中一个零件或几个零件的一部分，然后配做零件的其余部分，最终完成配合件的全部加工。

二、任务分析

本任务重点分析零件在多个配合技术要求下，难装夹工件的工艺分析和编程注意事项，尤其是圆柱面配做加工、轴套外圆面精度保证的措施和方法。由于零件数量的增多和零件加工工艺的复杂程度增高，工量刃具的数量也增多，应注意工量刃具的放置和使用过程，以维持工位整洁，建立文明生产的概念。

三、相关知识

配合工件装配性能不仅要求尺寸精度、形位精度、表面粗糙度、接触精度、相对精度等，还需要保证零件结构特征的完整性、零件配合结构的完整性。因此，零件的加工并不全是单个加工，往往在加工的过程中零件之间会产生一定的加工关系，即加工一个零件时需要另一个零件的协助加工。

图 1-14-1 中件 1、件 2 表面粗糙度要求较高，若采用任务十三中介绍的零件调头加工方法，件 1 调头没有合适的位置装夹；件 2 调头加工，则外圆柱面的两端存在同轴度误差的同时会产生接刀痕。鉴于以上考虑，本任务采用配合件配做的方法，具体方案如下：

（1）加工件 3，如图 1-14-2 所示。外表面轮廓粗加工、精加工（$\phi 38\ \text{mm}$ 外圆面只进行粗加工、半精加工），切退刀槽，切螺纹，切断工件。注意件 3 切断时，总长预留 1~2 mm 的余量，便于调头加工平端面控制长度。

（2）加工件 2，外表面粗加工，内轮廓粗、精加工，如图 1-14-3 所示。首先夹持零件右端，Z 轴对刀车左端面，外圆粗车；内孔粗加工、内孔精加工；调头；Z 轴对刀车右端面，保总长，粗车外轮廓。

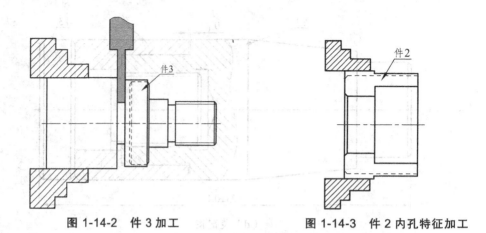

图 1-14-2 件 3 加工　　　　　　　　图 1-14-3 件 2 内孔特征加工

（3）加工件 1，如图 1-14-4 所示。件 1 Z 轴对刀车右端面，外轮廓粗加工、精加工（ ϕ38 mm 外圆面只进行半精加工，预留 0.4 mm 的精加工余量），内孔粗加工、精加工，车内槽，车内螺纹。

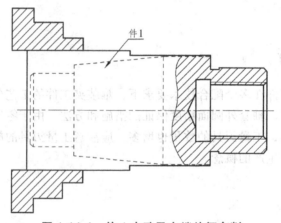

图 1-14-4 件 1 内孔及右端特征车削

（4）螺纹配合加工，如图 1-14-5 所示。件 1、件 2 和件 3 通过螺纹联接装配，Z 轴对刀车件 3 右端面，保件 3 长度精度要求，件 1、件 2 和件 3 的 ϕ38 mm 外圆面精车。

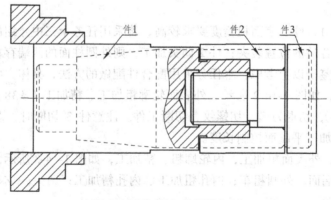

图 1-14-5 配合件配做加工

（5）螺纹配合调头车削加工，如图1-14-6所示。调头打表找正，Z轴对刀车件1左端面，控制总长度，件1左端轮廓粗车削、精车削。

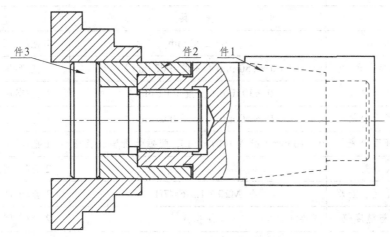

图 1-14-6　配合件调头配做加工

四、任务准备

设备、材料及工量具要求如表 1-14-1 所示。

表 1-14-1　设备、材料及工量具清单

序　号	名　称	规　格	数　量	备　注
设　备				
1	数控车床	CNC6136，尾座与回转顶尖	1 台 / 2 人	
耗　材				
1	棒　料	45 钢，$\phi 40$ mm×85 mm	2 根 / 人	
刀　具				
1	T01	机夹式外圆车刀，硬质合金	1 把 / 车床	
2	T02	机夹式切槽刀，硬质合金	1 把 / 车床	
3	T03	机夹式普通螺纹车刀，硬质合金	1 把 / 车床	
4	T04	机夹式内孔镗刀，硬质合金	1 把 / 车床	
5	T05	机夹式内孔切槽刀，硬质合金	1 把 / 车床	
6	T06	机夹式内螺纹车刀，硬质合金	1 把 / 车床	
7	中心钻		1 把 / 车床	
8	钻　头	$\phi 10$ mm、$\phi 16$ mm、$\phi 20$ mm	各 1 把 / 车床	

序 号	名 称	规 格	数 量	备 注
		量 具		
1	钢 尺	0~200 mm	1 把/车床	
2	游标卡尺	0~150 mm（分度 0.02 mm）	1 把/车床	
3	外径千分尺	0~30 mm（分度 0.01 mm）	1 把/车床	
4	外径千分尺	25~50 mm（分度 0.01 mm）	1 把/车床	
5	杠杆百分表	0~10 mm（分度 0.01 mm），配磁性表座、表杆	1 把/车床	
6	R 规		2 套/车间	
7	螺纹通规、止规	M20×1.5-6g/7H	2 套/车间	
8	表面粗糙度仪	便携式	2 台/车间	
		工 具		
1	毛 刷		1 把/车床	
2	铜 皮		1 片/车床	
3	铜 棒		1 条/车床	
4	钻套、钻夹头		1 套/车床	
4	开口扳手		1 把/车床	
5	六角扳手		1 把/车床	
6	活顶尖		1 个/车床	

五、任务实施

（一）工艺分析

1. 工艺过程及要点

加工工序安排如下：

（1）件 3 外轮廓粗加工、精加工，切退刀槽，切螺纹，切断。

（2）件 2 车左端面，外圆粗车。

（3）件 2 内孔粗加工，内孔精加工。

（4）件 2 调头，Z 轴对刀车右端面，保长度，粗车外轮廓。

（5）件 1 车右端面，外轮廓粗加工、精加工。

（6）件 1 内孔粗加工、精加工，车内槽，车内螺纹。

（7）件 1、件 2 和件 3 通过螺纹联接装配，Z 轴对刀车件 3 右端面，保件 3 长度精度要求，件 1、件 2 和件 3 的 ϕ38 mm 外圆面粗、精车。

（8）配合件调头车削加工，打表找正，Z 轴对刀车件 1 左端面，控制长度，件 1 左端轮廓粗车削、精车削。

2. 工艺过程及参数设置（见表 1-14-2）

表 1-14-2　工艺过程及参数设置

序号	工步内容	刀　具	切削用量			加工余量 /mm	备注
			$n/$(r/min)	$F/$(mm/min)	$A_p/$mm		
a. 件 3 形状特征加工							
1	件 3 外轮廓粗加工	T01：90°外圆车刀	600	100	1.0	0.3	
2	件 3 外轮廓精加工	T01：90°外圆车刀	1 000	40			
3	件 3 车退刀槽	T02：车槽刀	400	40			
4	件 3 车螺纹	T03：普通螺纹车刀	200				
5	件 3 切断	T02：车槽刀	200	40			
b. 件 2 内孔加工，控制长度							
6	件 2 车左端面、左端轮廓粗车	T01：90°外圆车刀	600	100	1.0		
7	件 2 内孔粗加工	T04：内孔镗刀	400	100	0.8		
8	件 2 内孔精加工	T04：内孔镗刀	800	40			
9	件 2 调头，车右端面、粗车外轮廓	T01：90°外圆车刀	600	100	1.0		
c. 件 1 右端特征加工							
10	件 1 右端轮廓粗加工	T01：90°外圆车刀	600	100	1.0	0.4	
11	件 1 右端轮廓精加工	T01：90°外圆车刀	1 000	40			
12	件 1 内孔粗加工	T04：内孔镗刀	400	100	0.8		
13	件 1 内孔精加工	T04：内孔镗刀	800	40			
14	件 1 车内槽	T05：内槽刀	400	40			
15	件 1 车内螺纹	T06：内螺纹刀	200				
d. 配合件配做加工							
16	件 1、件 2、件 3 外圆面粗车	T01：90°外圆车刀	400	100	1.0	0.4	
17	件 1、件 2、件 3 外圆面精车	T01：90°外圆车刀	800	40			
e. 配合件调头，控制配合件总长度，件 1 左端外轮廓粗、精车							
18	件 1 左端粗车	T01：90°外圆车刀	600	100	1.0	0.4	
19	件 1 左端精车	T01：90°外圆车刀	1 000	40			

（二）程序编制及解析（见表 1-14-3）

表 1-14-3　程序编制及解析

加工程序	程序解析	备注
O0001；	程序号	
a. 件 3 加工		
N1；	件 3 外轮廓粗加工	
M03 S600 T0101；	调用外圆车刀，设定主轴转速	
G00 Z2.0；		
X42.0；	车刀快速到达循环点	
G71 U1.0 R1.0；		
G71 P10 Q20 U0.4 W0.1 F100；	粗加工程序段	
N10 G00 X0；	精加工开始程序段	
G01 X0 Z0 F40；	设定精加工进给量	
X18.0；		
X19.9 Z-1.0；	螺纹配合外螺纹大径	
Z-25.0；		
X21.973；	中值计算编程	
Z-35.0；		
X36.0；		
X38.0 Z-36.0；	倒角	
X39.0；		
Z-50.0；		
N20 G01 X42.0；		
M05；	主轴停止	
M00；	暂停	
N2；	件 3 外轮廓精加工	
M03 S1000；	设定精加工主轴转速	
G00 X42.0 Z2.0；	快速定位至循环点	
G70 P10 Q20；	精加工程序段	
G00 Z150.0 X150.0；	快速退刀	
M05；	主轴停止	
M00；	暂停	
N3；	件 3 车退刀槽	
M03 S400；	设定车槽主轴转速	

加工程序	程序解析	备注
T0202;	调用切槽刀	
G00 Z-25.0;		
X24.0;	刀具快速接近工件	
G94 X17.0 Z-25.0 F40;	车退刀槽	
G00 X100.0;		
Z100.0;		
M05;	主轴停止	
M00;	暂停	
N4;	件 3 车螺纹	
M03 S200;	设定螺纹切削转速	
T0303;	调用螺纹刀	
G00 X22.0 Z2.0;	刀具快速接近工件	
G92 X19.2 Z-26.0 F1.0;	螺纹切削第一刀	
X18.7;		
X18.4;		
X18.2;		
X18.05;	最后一刀	
X18.05;	光刀	
G00 X150.0 Z150.0;	快速退刀	
M05;	主轴停止	
M00;	暂停	
N5;	件 3 切断	
M03 S200;	工件切断，切削转速设定	
G00 X42 Z-50.0;		
G94 X30.0 Z-50.0 F40;		
X20.0;		
X10.0;		
X-1.0;	件 3 切断	
G00 X150.0 Z150.0;	快速退刀	
M05;	主轴停止	
M00;	暂停	
b. 件 2 加工		

加工程序	程序解析	备注
N6;	件 2 车左端面，左端轮廓粗车	
T0101 M03 S600;	调用外圆车刀，设定主轴转速	
G00 X42.0 Z2.0;		
G01 X0 Z2.0 F10;		
G01 X0 Z0;		
X39.0;	平端面	
Z-15.0;	粗车外圆	
X42.0;		
G00 X100.0 Z100.0;		
M05;		
M00;		
手动中心钻打中心孔，ϕ 20 mm 钻头钻通孔		
N7;	件 2 内孔粗加工	
T0404;	内孔镗刀	
M03 S400;		
G00 X19.0;		
Z2.0;	快速定位至切削起点，先进 X 轴，再进 Z 轴	
G71 U0.6 R1.0;	内孔粗加工	
G71 P30 Q40 U-0.3 W0.1 F100;		
N30 G00 X30.02;	中值编程	
G01 Z0 F60;		
Z-19.0;		
X22.016;	中值编程	
Z-35.0;		
N40 G01 X19.0;		
G00 Z100.0;		
X100.0;		
M05;	主轴停止	
M00;	暂停	
N8;	件 2 内孔精加工	
M03 S800;		
G00 X19.0;		

144

加工程序	程序解析	备注
Z2.0;		
G70 P30 Q40;	件 2 内孔精加工	
G00 Z100.0;		
X100.0;		
M05;	主轴停止	
M00;	暂停	
N9;	件 2 调头、打表；手动平右端面，控制长度；手动粗车外轮廓	
c. 件 1 右端外轮廓特征加工		
N10;	件 1 右端轮廓粗加工	
M03 S600 T0101;	调用外圆车刀，设定主轴转速	
G00 Z2.0;		
X42.0;	车刀快速到达循环点	
G71 U1.0 R1.0;		
G71 P10 Q20 U0.4 W0.1 F120;	件 1 右端外轮廓粗车程序段	
N50 G00 X0;		
G01 Z0 F100;		
X28.0;		
X29.984 Z-1.0;		
Z-19.0;		
X39.0;		
Z-40.0;		
N60 G01 X42.0;		
G00 X100.0 Z100.0;		
M05;	主轴停止	
M00;	暂停	
N11;	件 1 右端轮廓粗加工	
M03 S1000;		
G00 X42.0 Z2.0;		
G70 P50 Q60;	件 1 右端外轮廓精车程序段	
G00 X100.0 Z100.0;		
M05;	主轴停止	
M00;	暂停	

加工程序	程序解析	备注
手动中心钻打中心孔，ϕ16 mm 钻头钻孔深度 30 mm		
N12；	件 1 内孔粗加工	
T0404；		
M03 S400；		
G00 X15.0；		
Z2.0；		
G71 U1.0 R1.0；		
G71 P70 Q80 U-0.4 W0.1 F120；	件 1 内轮廓粗车程序段	
N70 G00 X20.0；		
G01 ZO F100；		
X18.15 Z-1.0；		
Z-26.0；		
N80 G01 X15.0；		
G00 Z100.0；		
X100.0；		
M05；	主轴停止	
M00；	暂停	
N13；	件 1 内孔精加工	
M03 S800；		
G00 X15.0；		
Z2.0；	快速进刀	
G70 P70 Q80；	件 1 内轮廓精车程序段	
G00 Z100.0；		
X100.0；		
M05；	主轴停止	
M00；	暂停	
N14；	件 1 车内槽	
T0505；	内孔切槽刀	
M03 S400；		
G00 X17.0；		
Z2.0；	快速进刀	
G01 Z-24.0；		

加工程序	程序解析	备注
G94 X24.0 Z-24.0 F40;	件1车内槽	
G00 Z-100.0;		
X100.0;		
M05;	主轴停止	
M00;	暂停	
N15;	件1车内螺纹	
T0606;	内螺纹刀	
M03 S200;		
G00 X17.0;		
Z2.0;		
G92 X18.6 Z-20.0 F1.5;	件1车内螺纹	
X19.1;		
X19.6;		
X19.9;		
X20.0;		
X20.01;		
G00 Z100.0;		
X100.0;		
M05;	主轴停止	
M00;	暂停	
件1、件2光滑外圆配合，件1、件3螺纹联接；件1、2、3装配在一起		
d. 配合件配做加工		
N16;	件1、件2、件3外圆面粗车	
T0101;		
M03 S400;	调用外圆车刀，设定主轴转速	
G00 X42.0 Z2.0;		
G71 U1.0 R1.0;		
G71 P90 Q100 U0.4 W0.1 F120;	配合件外轮廓粗车程序段	
N90 G00 X0;	粗加工开始程序段	
G01 X0 Z0 F100;	设定粗加工进给量	
X36.0;		
X38.0 Z-1.0;		
Z-47.0;		
N100 G01 X42.0;		
G00 X100.0 Z100.0;		

加工程序	程序解析	备注
M05;	主轴停止	
M00;	暂停	
N17;	件1、件2、件3外圆面精车	
M03 S800;		
G00 X42.0 Z2.0;		
G70 P90 Q100;	配合件外轮廓精车程序段	
G00 X100.0 Z100.0;		
M05;	主轴停止	
M00;	暂停	
e. 配合件调头，控制配合件总长度，件1左端外轮廓粗、精车		
N18;	件1左端外轮廓粗车	
T0101;		
M03 S600;	调用外圆车刀，设定主轴转速	
G00 X42.0 Z2.0;		
G71 U1.0 R1.0;		
G71 P110 Q120 U0.4 W0.1 F120;	件1左端外轮廓粗车程序段	
N110 G00 X0;		
G01 Z0 F100;		
X24.0;		
X25.974 Z-1.0;		
Z-15.0;		
X32.0;		
X38.0 Z-45.0;		
N120 G01 X42.0;		
G00 X100.0 Z100.0;		
M05;		
M00;	暂停	
N19;	件1左端外轮廓精车	
M03 S1000;		
G00 X42.0 Z2.0;		
G70 P110 Q120;	件1左端外轮廓精车程序段	
G00 X100.0 Z100.0;		
M05;	主轴停止	
M30;	程序结束	
件1、件2、件3加工全部完成		

（三）检查考核（见表 1-14-4）

表 1-14-4 任务十四配合件考核标准及评分表

姓名		班级			学号		总分	
序号	考核项目	考核内容			配分	评分标准	检验结果	得分
1	加工质量 （60分）	直径	$\phi 22$ （配合）	IT	4分	超差 0.01 扣 2 分		
				Ra	4分	降一级扣 2 分		
			$\phi 30$ （配合）	IT	4分	超差 0.01 扣 2 分		
				Ra	4分	降一级扣 2 分		
			$\phi 26_{-0.025}^{0}$	IT	2分	超差 0.01 扣 2 分		
				Ra	2分	降一级扣 2 分		
			$\phi 38_{-0.025}^{0}$ （3 处）	IT	6分	超差 0.01 扣 2 分		
				Ra	6分	降一级扣 2 分		
		螺纹	M20× 1.5-6g/7H	IT、 Ra	6分			
		长度	15	IT	1分			
			19	IT	1分			
			25	IT	1分			
			30	IT	1分			
			32±0.03	IT	2分			
			35	IT	1分			
			45±0.03	IT	2分			
			80±0.03	IT	2分			
			103±0.1	IT	4分			
		锥度面		Ra	3分			
		其他	端面、倒角	IT、 Ra	2分			
2	工艺与编程 （20分）	加工顺序、工装、切削参数等工艺合理（10分）						
		程序、工艺文件编写规范（10分）						
3	职业素养 （10分）	着装	按规范着装		每违反 一次扣 5 分，扣完 为止			
		纪律	不迟到、不早退、不旷课、不打闹					
		工位整理	工位整洁，机床清理干净，日常维护					
4	文明生产 （10分）	按安全文明生产有关规定，每违反一项从中扣 5 分，发生严重操作失误（如断刀、撞机等）每次从中扣 5 分，发生重大事故取消成绩。工件必须完整、无局部缺陷（夹伤等），否则扣 5 分						
	指导教师						日期	

149

六、任务小结

本任务零件加工与前几个任务不同，任务包括件 1、件 2 和件 3 三个单独的零件，三个零件之间有结构关系，相互之间有配合精度要求。因此，加工时不能单独考虑，不但要保证单个零件的精度，更要保证配合件配合精度要求。本任务中利用外圆、螺纹联接配做工件。

通过配合件的加工训练，还应总结以下几个问题：

（1）配合件加工顺序很重要，先加工哪一个零件、后加工哪一个零件或先加工零件哪一部分、后加工零件哪一部分很重要，初学者一定要有清晰的工序思路，方可进行加工。

（2）已经精加工的表面，需作为装夹面时，要用铜皮包裹，以防夹伤工件。

任务十五　薄壁配合件加工

一、任务导入

图 1-15-1 为薄壁配合件加工示意图。薄壁件加工与普通零件加工在工件装夹上有什么不同？车刀的形状、角度、加工参数又该如何选择？

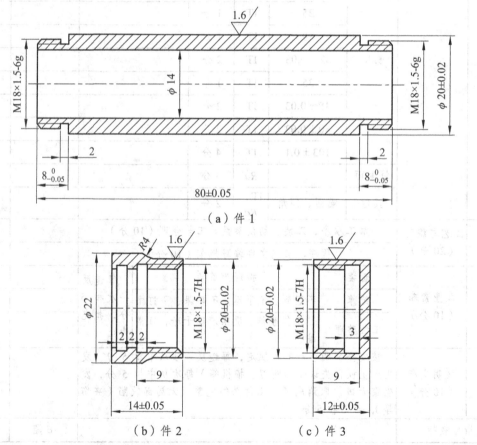

（a）件 1

（b）件 2　　　　　　　　　（c）件 3

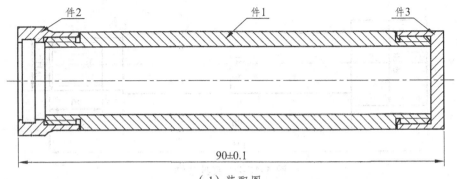

（d）装配图

图 1-15-1　薄壁配合件加工示意图

二、任务分析

薄壁套类零件孔壁较薄，装夹过程中很容易变形，因此装夹难度较大，常用的装夹方法有以外圆定位和内孔定位夹紧两种形式。外圆定位方法要求采用特制的软卡爪装夹，对于卡盘自动夹紧的机床，夹紧力设置要合适，以免夹坏工件；内孔定位方法采用芯轴装夹，批量生产常采用此方法。

本任务配合件包括件 1、件 2、件 3。其中，件 3 外轮廓精度要求较高，若采用调头加工，工件表面会留下接刀痕，工件的外轮廓精度很难保证；若采用配做加工，由于工件壁厚较薄，很容易夹伤，且由于件 3 较短，不易装夹。

下面介绍采用芯轴装夹的加工方法。具体加工工序为：先加工件 3、件 2 的内孔轮廓和螺纹；然后加工件 1（已铸造内孔为 $\phi 13$ mm）的左端面及零件左端外轮廓，再加工件 1 内孔；将件 1 与件 2 通过螺纹联接配合用芯轴定位装夹，车削件 1 的外轮廓、右端螺纹及件 2 外圆。

三、相关知识

（一）工件加工辅助夹具制作

任务配合件属薄壁套类零件，孔壁较薄，需采用辅助夹具装夹。夹具在制作的过程中主要考虑以下要求：

（1）夹具与工件之间要符合公差配合关系。

（2）夹具能有效实现对工件进行装夹定位，并符合自由度限制要求。

（3）夹具要有足够的刚性。

（4）夹具制作要充分考虑机床现有结构及通用夹具（如三爪卡盘、刀架台等）。

充分考虑以上要求，并结合任务零件的结构特征及相互加工关系，制作了这套夹具结构，包括夹具芯轴、套筒和锁紧螺母，如图 1-15-2 ~ 1-15-4 所示。

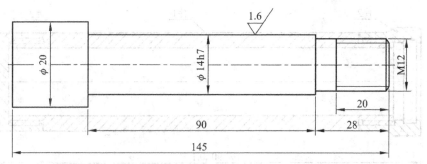

图 1-15-2　夹具芯轴

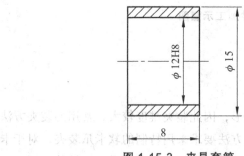

图 1-15-3　夹具套筒

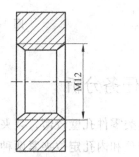

图 1-15-4　螺母

（二）任务知识点难点解析

件 3 采用常规方法加工，件 1、件 2 采用辅助夹具芯轴定位车削，具体方案如下：

（1）件 3 外轮廓粗、精加工；内孔特征粗、精加工；控制长度，切断工件。件 3 加工完成，如图 1-15-5 所示。

（2）件 2 内孔特征粗、精加工；调头，平端面，控制长度，如图 1-15-6 所示。

（3）件 1 左端特征粗、精加工；内孔粗、精加工；调头，平端面，控制长度，如图 1-15-7 所示。

（4）件 1、件 2 通过螺纹联接；然后套在夹具芯轴上，装上套筒，用螺母锁紧。芯轴左端用三爪卡盘夹紧，打表找正，根据情况，芯轴另一端可用活顶尖顶紧。

（5）件 1、件 2 外轮廓特征粗、精车削。件 1、件 2 加工完成，如图 1-15-8 所示。

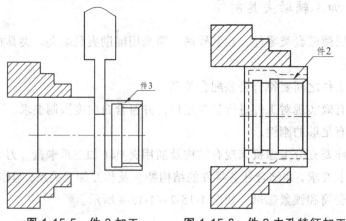

图 1-15-5　件 3 加工　　　　图 1-15-6　件 2 内孔特征加工

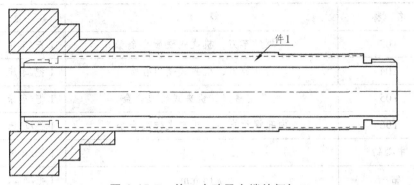

图 1-15-7　件 1 内孔及左端特征加工

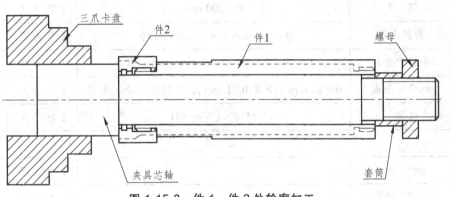

图 1-15-8　件 1、件 2 外轮廓加工

四、任务准备

设备、材料及工量具要求如表 1-15-1 所示。

表 1-15-1　设备、材料及工量具清单

序　号	名　称	规　格	数　量	备　注
设　备				
1	数控车床	CNC6136，尾座与回转顶尖	1 台/2 人	
耗　材				
1	棒　料	铝，$\phi 25$ mm×100 mm（$\phi 13$ mm 通孔）、$\phi 25$ mm ×50 mm	2 根/人	
刀　具				
1	T01	外圆车刀，机夹式硬质合金	1 把/车床	
2	T02	切槽刀，机夹式硬质合金	1 把/车床	

续表 1-15-1

序 号	名 称	规 格	数 量	备 注
3	T03	螺纹车刀，机夹式硬质合金	1 把/车床	
4	T04	内孔镗刀，机夹式硬质合金	1 把/车床	
5	T05	内孔切槽刀，机夹式硬质合金	1 把/车床	
6	T06	内孔螺纹车刀，机夹式硬质合金	1 把/车床	
7	中心钻		1 把/车床	
8	钻头	$\phi 14$ mm	1 把/车床	
量 具				
1	钢 尺	0～200 mm	1 把/车床	
2	游标卡尺	0～150 mm（分度 0.02 mm）	1 把/车床	
3	外径千分尺	0～30 mm（分度 0.01 mm）	1 把/车床	
4	杠杆百分表	0～10 mm（分度 0.01 mm），配磁性表座、表杆	1 把/车床	
5	螺纹通规、止规	M18×1.5-6g/6H	2 套/车间	
工 具				
1	毛 刷		1 把/车床	
3	铜 棒		1 条/车床	
4	钻套、钻夹头		1 套/车床	
4	开口扳手		1 把/车床	
5	六角扳手		1 把/车床	

五、任务实施

（一）工艺分析

1. 工艺过程及要点

加工工序安排如下：

（1）件 3 外轮廓粗、精加工；内孔特征粗、精加工；控制长度，切断工件。

（2）件 2 内孔特征粗、精加工；调头，平端面，控制长度。

（3）件 1 左端特征粗、精加工；内孔粗、精加工；调头，平端面，控制长度。

（4）辅助夹具装夹。

（5）件1、件2外轮廓特征粗、精车削。件1、件2加工完成。

154

2. 工艺过程及参数设置（见表 1-15-2）

表 1-15-2　工艺过程及参数放置

序号	工步内容	刀具	切削用量			加工余量 /mm	备注
			n/(r/min)	F/(mm/min)	A_p/mm		
a. 件 3 形状特征加工							
1	件 3 外轮廓粗加工	T01：90°外圆车刀	600	100	1.0	0.3	
2	件 3 外轮廓精加工	T01：90°外圆车刀	1 000	60			
3	件 3 内孔粗车削	T04：内孔镗刀	600	100			
4	件 3 内孔精车削	T04：内孔镗刀	800	40			
5	件 3 车内槽	T05：内孔切槽刀	400	40			
6	件 3 车内螺纹	T06：内螺纹车刀	200				
7	件 3 切断	T02：切槽刀	400	40			
b. 件 2 内孔加工，控制长度							
8	件 2 平端面	T01：90°外圆车刀	600	40			
9	件 2 内孔粗加工	T04：内孔镗刀	600	100	0.8		
10	件 2 内孔精加工	T04：内孔镗刀	800	40			
11	件 2 车内槽	T05：内孔切槽刀	400	40			
12	件 2 车内螺纹	T06：内螺纹车刀	200				
13	件 2 调头，车端面、控制长度	T01：90°外圆车刀	600	100			
c. 件 1 左端轮廓特征、内孔加工							
14	件 1 左端轮廓粗车削	T01：90°外圆车刀	600	100	0.8		
15	件 1 左端轮廓精车削	T01：90°外圆车刀	800	40			
16	件 1 车左端槽	T02：切槽刀	400	40			
17	件 1 车左端螺纹	T03：螺纹车刀	200				
18	件 1 内孔粗加工	T04：内孔镗刀	600	100			
19	件 1 内孔精加工	T04：内孔镗刀	800	40			
20	件 1 调头，车端面、控制长度	T01：90°外圆车刀	600	100			
d. 辅助夹具装夹，打表找正，配合件配做加工							
21	件 1、件 2 轮廓粗车削	T01：90°外圆车刀	600	100	0.8		
22	件 1、件 2 轮廓精车削	T01：90°外圆车刀	1 000	40			
23	件 1 切槽	T02：切槽刀	400	40			
24	件 1 车螺纹	T03：螺纹车刀	200				

（二）程序编制及解析（见表 1-15-3）

表 1-15-3　程序编制及解析

加工程序	程序解析	备注
O0001；	程序号	
a. 件 3 加工		
N1、N2；	件 3 外轮廓粗、精加工	
M03 S600 T0101；	调用外圆车刀，设定主轴转速	
G00 Z2.0；		
X27.0；	车刀快速到达循环点	
G90 X23.0 Z-15.0 F100；	件 3 外轮廓粗加工	
X21.0；		
X20.3；		
G90 X20.0 Z-15.0 F60 S800；	件 3 外轮廓精加工	
G00 X100.0 Z100.0；		
M05；	主轴停止	
M00；	暂停	
件 3 手动钻中心孔，钻孔 ϕ14 mm		
N3、N4；	件 3 内孔粗、精车削	
T0404；	内孔镗刀	
M03 S600；		
G00 X13.0；		
Z2.0；	快速定位至循环点	
G90 X15.7 Z-9.0 F100；	件 3 内孔粗加工	
M03 S800；		
G00 X18.2；		
G01 Z0 F40；	件 3 内孔精加工	
X16.0 Z-1.0；		
Z-9.0；		
X13.0；		
Z2.0；		
G00 Z150.0；		
M05；	主轴停止	
M00；	暂停	
N5；	件 3 车内槽	
T0505；	内孔切槽刀	
M03 S400；		
G00 X14.0；		

加工程序	程序解析	备注
Z2.0;	快速定位至孔口	
G01 Z-9.0 F100;		
G94 X21.0 Z-9.0 F40;	车内槽	
G01 Z2.0;		
G00 Z100.0;		
X100.0;		
M05;		
M00;		
N6;	件 3 车内螺纹	
T0606;	内螺纹车刀	
M03 S200;	设定主轴转速	
G00 X15.0 Z2.0;	快速定位至循环点	
G92 X17.0 Z-8.0 F1.5;	件 3 车内螺纹	
X17.5;		
X17.9;		
X18.1;		
X18.2;		
G00 Z100.0;		
X100.0;		
M05;	主轴停止	
M00;	暂停	
N7;	件 3 手动控制长度、切断	
	b. 件 2 内孔特征加工	
N8;	件 2 手动平端面；钻中心孔，钻孔 ϕ 14 mm	
N9、N10;	件 2 内孔粗、精加工	
T0404;	内孔镗刀	
M03 S600;		
G00 X14.0;		
Z2.0;		
G90 X15.6 Z-17.0 F100;	件 2 内孔粗加工	
G00 X18.0;	件 2 内孔精加工	
G01 X18.0 Z0 F40;		
X16.0 Z-1.0;		
Z-17.0;		
X14.0;		

加工程序	程序解析	备注
Z2.0;		
G00 Z100.0;	退刀	
X100.0;		
M05;		
M00;	暂停	
N11;	件 2 车内槽	
M03 S400;	设定主轴转速	
T0505;	调用内孔切槽刀	
G00 X15.0;		
Z2.0;	刀具快速接近工件	
G00 Z-9.0;		
G94 X18.5 Z-9.0 F40;	车退刀槽	
G00 Z-13.0;		
G94 X18.5 Z-13.0 F40;	切槽	
Z100.0;		
M05;	主轴停止	
M00;	暂停	
N12;	件 2 车螺纹	
M03 S200;	设定螺纹切削转速	
T0303;	调用内螺纹车刀	
G00 X15.0 Z2.0;	刀具快速接近工件	
G92 X17.0 Z-8.0 F1.5;	件 2 车内螺纹	
X17.5;		
X17.9;		
X18.1;		
X18.2;		
G00 Z150.0;		
X150.0;	快速退刀	
M05;	主轴停止	
M00;	暂停	
N13;	件 2 调头，平端面、控制长度	
c. 件 1 左端轮廓特征、内孔加工		
N14;	件 1 左端轮廓粗加工	
M03 S600;		
T0101;	调用外圆车刀	

加工程序	程序解析	备注
G00 X27.0 Z2.0;		
G90 X23 Z-8.0 F100;	件1左端轮廓粗车削	
X21.0;		
X19.0;		
N15;	件1左端轮廓精车削	
M03 S800;		
G01 X16.0 F40;		
Z0;		
X18.0;		
X18.0 Z-8.0;		
X27.0;		
G00 X100.0 Z100.0;		
M05;	主轴停止	
M00;	暂停	
N16;	件1车左端槽	
T0202;	切槽刀，刀宽2 mm	
M03 S400;		
G00 X27.0 Z-8.0;		
G94 X15.5 Z-8.0 F40;	切退刀槽	
G00 X100.0 Z100.0;		
M05;	主轴停止	
M00;	暂停	
N17;	件1车左端螺纹	
T0303;	螺纹车刀	
M03 S200;		
G00 X20.0 Z2.0;		
G92 X17.0 Z-7.0 F1.5;	车螺纹	
X16.5;		
X16.3;		
X16.1;		
X15.9;		
G00 X150.0 Z150.0;	快速退刀	

加工程序	程序解析	备注
M05；	主轴停止	
M00；	暂停	
件1手动钻中心孔，钻孔φ13 mm		
N18、N19；	件1内孔粗、精加工	
M03 S600；		
T0404；		
G00 X12.5；		
Z2.0；		
G90 X13.7 Z-82.0 F100；	件1内孔粗加工	
M03 S800；		
G90 X14.05 Z-82.0 F40；	件1内孔精加工	
G00 Z150；		
M05；		
M00；		
N20；	件1调头，手动平端面、控制长度	
d. 辅助夹具装夹，打表找正，配合件配做加工		
N21；	件1、件2外轮廓粗车削	
M03 S600；		
T0101；		
G00 X27.0 Z2.0；		
G71 U0.8 R1.0；	件1、件2外轮廓粗车削	
G71 P10 Q20 U0.3 W0.1 F100；		
N10 G01 X15.5 F40；		
Z0；		
X17.9 Z-1.5；		
Z-8.0；		
X20.0；		
Z-78.0；		
G02 X22.0 Z-80.0 R4.0；		
Z-87.0；		
G01 X27.0；		
G00 X100.0 Z100.0；		

加工程序	程序解析	备注
M05;		
M00;		
N22;	件 1、件 2 外轮廓精车削	
M03 S1000;		
G00 X27.0 Z2.0;		
G70 P10 Q20;	件 1、件 2 外轮廓精车削	
G00 X150.0 Z150.0;	快速退刀	
M05;	主轴停止	
M00;	暂停	
N23;	件 1 右端车槽	
T0202;		
M03 S400;		
G00 X22.0 Z-8.0;		
G94 X15.5 Z-8.0 F40;	切槽	
G00 X100.0 Z100.0;		
M05;	主轴停止	
M00;	暂停	
N24;	件 1 右端车螺纹	
T0303;	螺纹车刀	
M03 S200;		
G00 X20.0 Z2.0;		
G92 X17.0 Z-7.0 F1.5;	车螺纹	
X16.5;		
X16.3;		
X16.1;		
X15.9;		
G00 X150.0 Z150.0;	快速退刀	
M05;	主轴停止	
M30;	程序结束	
件 1、件 2、件 3 全部加工完成		

（三）检查考核（见表 1-15-4）

表 1-15-4　任务十五考核标准及评分表

姓名			班级		学号		总分	
序号	考核项目	考核内容			配分	评分标准	检验结果	得分
1	加工质量 （60分）	外圆	$\phi 20\pm0.02$ （3处）	IT	9分	超差 0.01 扣 2 分		
				Ra	9分	降一级扣 2 分		
			$\phi 22$	IT	3分	超差 0.01 扣 2 分		
				Ra	3分	降一级扣 2 分		
			$\phi 14$ （内孔）	IT	2分			
				Ra	2分			
		螺纹(2处)	M18×1.5-6g/7H	IT、Ra	14分			
		长度	12±0.05	IT	2分			
			14±0.05	IT	2分			
			80±0.05	IT	4分			
			90±0.1	IT	4分			
		退刀槽	2×1.2		2分			
			3×1.2		2分			
		其他	端面、倒角	IT、Ra	2分			
2	工艺与编程 （20分）	加工顺序、工装、切削参数等工艺合理（10分）						
		程序、工艺文件编写规范（10分）						
3	职业素养 （10分）	着装	按规范着装			每违反一 次扣 5 分，扣 完为止		
		纪律	不迟到、不早退、不旷课、不打闹					
		工位整理	工位整洁，机床清理干净，日常 维护					
4	文明生产 （10分）	按安全文明生产有关规定，每违反一项从中扣 5 分，发生严 重操作失误（如断刀、撞机等）每次从中扣 5 分，发生重大事故 取消成绩。工件必须完整、无局部缺陷（夹伤等），否则扣 5 分						
指导教师							日期	

六、任务小结

薄壁件加工与普通件加工区别较大，生产中一般要借助特制的软卡爪装夹或采用芯轴装夹。本任务介绍辅助夹具芯轴装夹的方法，这种方法企业批量生产使用较多。夹具设计制造是机加工专业学生需要掌握的一项重要技能，学生在进行本任务学习实践中，要着重学习夹具设计这方面的知识。

项目七强化训练题

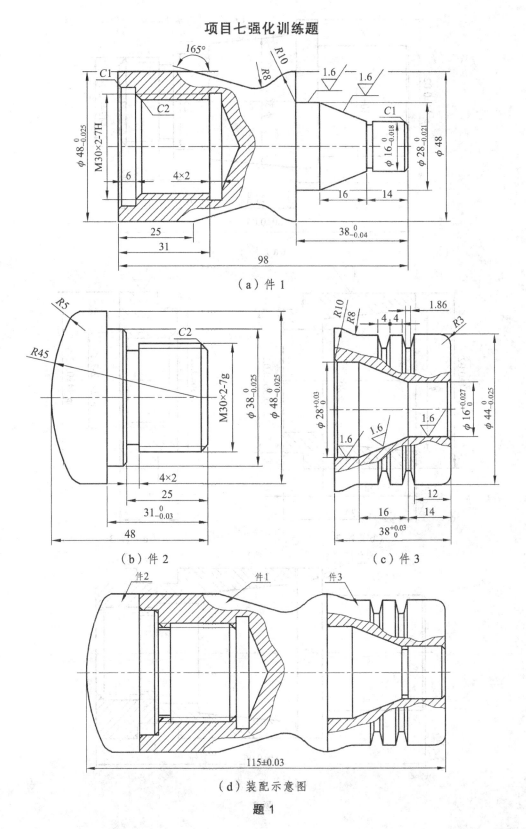

（a）件 1

（b）件 2

（c）件 3

（d）装配示意图

题 1

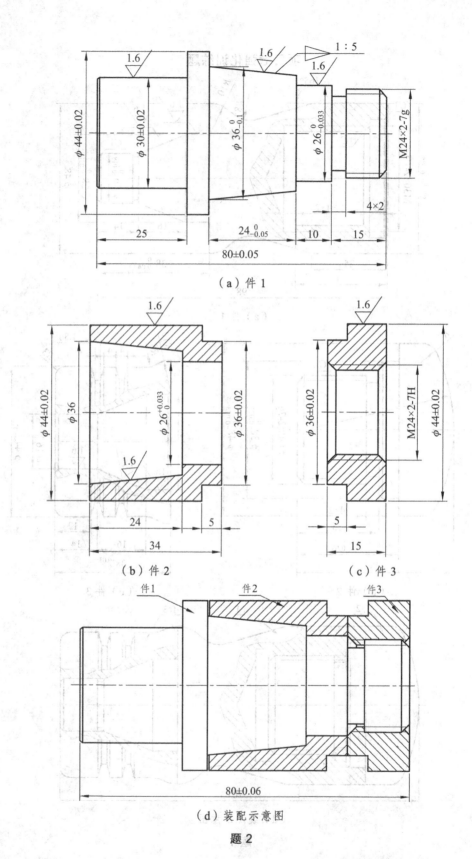

（a）件 1

（b）件 2

（c）件 3

（d）装配示意图

题 2

164

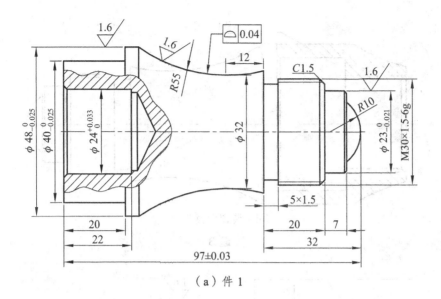

（a）件 1

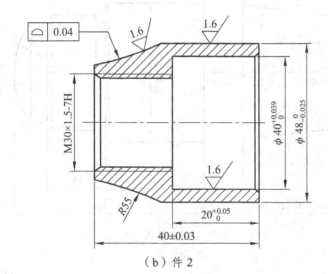

（b）件 2

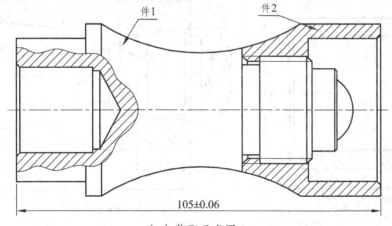

（c）装配示意图 1

165

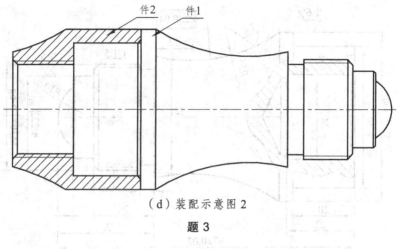

件2　件1

（d）装配示意图 2

题 3

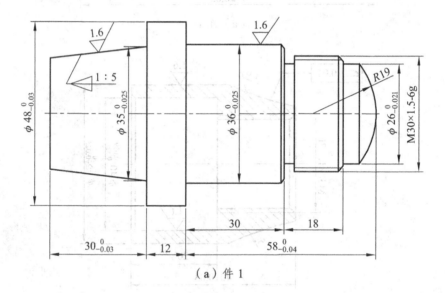

（a）件 1

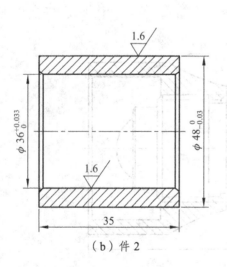

（b）件 2

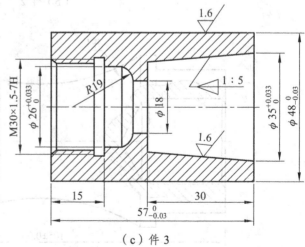

（c）件 3

166

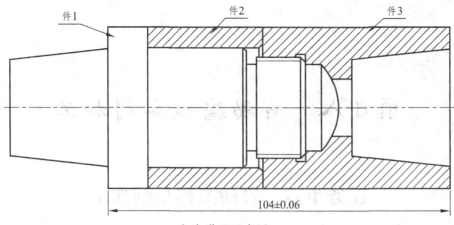

（d）装配示意图 1

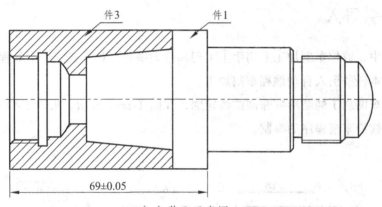

（e）装配示意图 2

题 4

项目八　自动编程车削加工

任务十六　自动编程车削加工

一、任务导入

生产实践中，数控车削加工采用手工编程和自动编程两种方式。手工编程在前面的任务中已作介绍，本任务引入自动编程车削加工。

自动编程车削加工椭圆形的非圆曲线轮廓，如图 1-16-1 所示。采用 CAXA 数控车 2008 自动编程实现数控车削程序的编制。

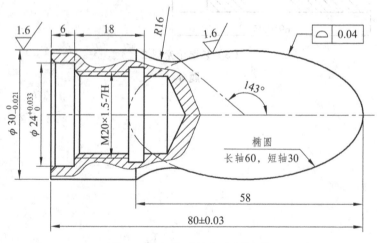

图 1-16-1　自动编程车削零件

二、任务分析

本任务要求学生在学习软件 CAXA 数控车 2008 绘图和自动编程功能的基础上，依据任务零件图，绘制零件轮廓，编制粗、精加工刀路轨迹，并由软件自动生成加工程序，再传输到数控系统上启动车床实现加工。

三、相关知识

（一）CAXA 数控车 2008 自动编程基础

CAXA 数控车 2008 是融合二维图形设计和数控车床加工编程的全新数控加工软件平台。本任务介绍 CAXA 数控车自动编程，绘图部分将不再叙述。软件主界面如图 1-16-2 所示。

图 1-16-2　CAXA 数控车 2008 主界面

为了获得正确的数控车削加工程序，必须根据自身设备的实际情况在软件中预先设置好相关参数，这些参数包括 3 个方面：刀具库管理、后置设置和机床设置。点击软件主菜单【数控车】下拉菜单设置，如图 1-6-3 所示。

图 1-16-3　刀具库管理、后置设置、机床设置

1. 刀具库管理

刀具库管理用于定义、确定刀具的有关参数，以便于用户从刀具库中获得刀具信息和对刀具库管理。刀具库管理功能包括轮廓车刀、切槽刀具、钻孔刀具、螺纹刀具 4 种刀具类型的管理，如图 1-16-4 所示。

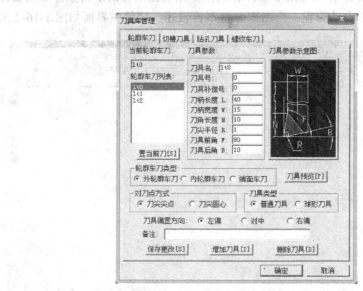

图 1-16-4　刀具库管理

2. 后置设置

后置设置就是针对特定的机床，结合已经设置好的机床配置，对后置输出数控程序的格式进行设置，如数据格式、编程方式、圆弧控制方式等，如图 1-16-5 所示。

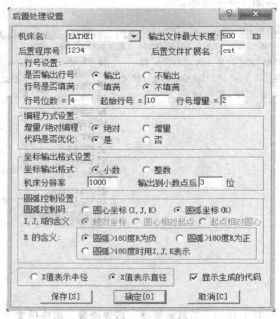

图 1-16-5　后置设置

3. 机床设置

机床设置是针对不同的机床、不同的数控系统，设置特定的数控代码、数控程序及参数，并生成配置文件，如图 1-16-6 所示。

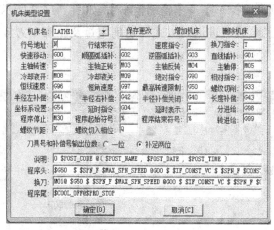

图 1-16-6　机床设置

（二）任务零件自动编程

数控车自动编程的操作步骤如下：

（1）依据图纸，绘制工件加工轮廓。

（2）加工刀路轨迹生成。

（3）刀路仿真验证。

（4）G 代码生成、校检，传输给机床。

1. 零件外轮廓面编程

（1）零件外轮廓面绘制。

如图 1-16-7 所示，在计算机中利用 CAXA 软件绘制零件的外轮廓。

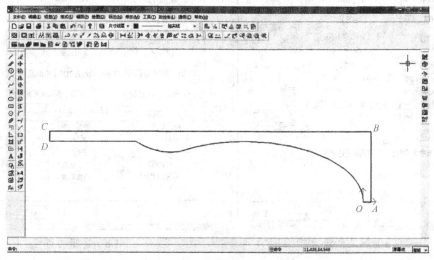

图 1-16-7　零件外轮廓绘制

说明：O 点为坐标系原点，OA 距离为 2 mm，B 点为起刀点，起刀点离工件端面的距离为 2 mm。

（2）外轮廓粗车刀路编制。

① 点击软件主菜单【数控车】→【轮廓粗车】，如图 1-16-8 所示。在轮廓粗车对话框中设置粗车参数，包括加工参数、进退刀方式、切削用量及轮廓车刀 4 项，如图 1-16-9 所示。设置完成后点【确定】。

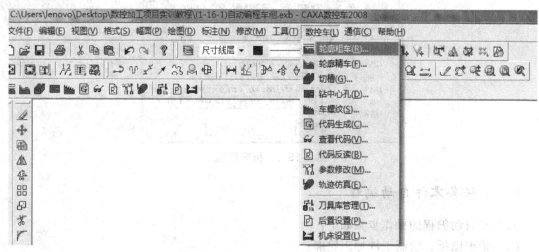

图 1-16-8　轮廓粗车按钮

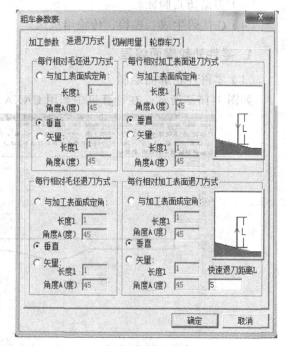

（a）加工参数　　　　　　　　　　　　　（b）进退刀方式

（c）切削用量

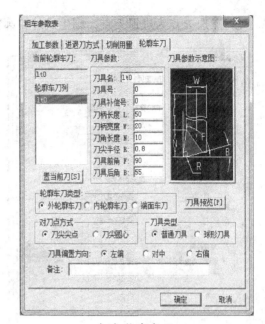

（d）轮廓车刀

图 1-16-9　粗车参数设置

② 根据左下角提示，如图 1-16-10 所示。点选 *AODC* 轮廓为加工轮廓，点击 *ABC* 为毛坯轮廓，右键点击【确定】。

③ 点选 *B* 点为进退刀点，则生成外轮廓粗车刀路，如图 1-16-11 所示。

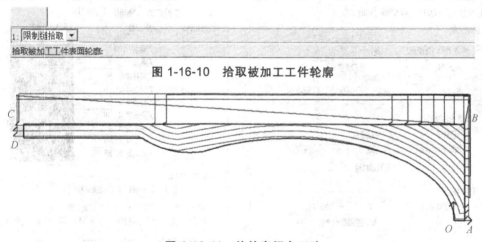

图 1-16-10　拾取被加工工件轮廓

图 1-16-11　外轮廓粗车刀路

（3）外轮廓精车刀路编制。

① 点击软件主菜单【数控车】→【轮廓精车】。在轮廓精车对话框中设置精车参数，包括加工参数、进退刀方式、切削用量及轮廓车刀 4 项，如图 1-16-12 所示。设置完成后点【确定】。

② 根据左下角提示，点选 *AODC* 轮廓为加工轮廓，右键点击【确定】。

③ 点选 *B* 点为进退刀点，则生成外轮廓精车刀路，如图 1-16-13 所示。

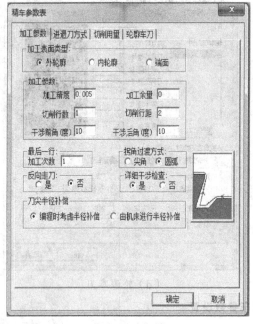

（a）加工参数

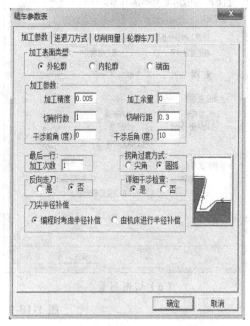

（b）进退刀方式

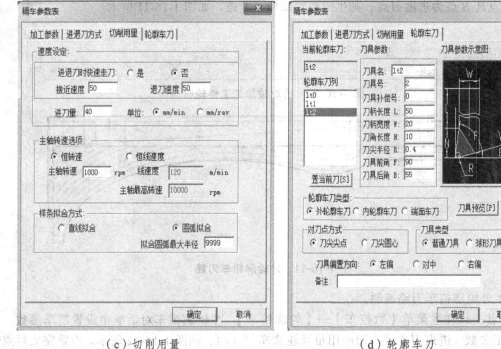

（c）切削用量

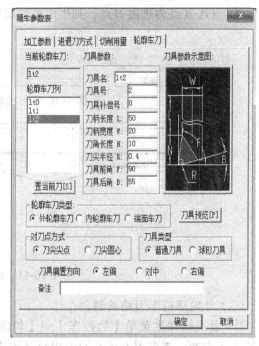

（d）轮廓车刀

图 1-16-12　精车参数设置

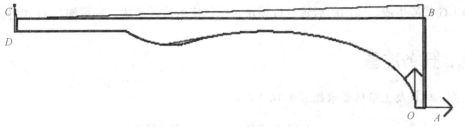

图 1-16-13　外轮廓精车刀路

2. 刀路仿真验证

（1）点击软件主菜单【数控车】→【轨迹仿真】，如图 1-16-14 所示。

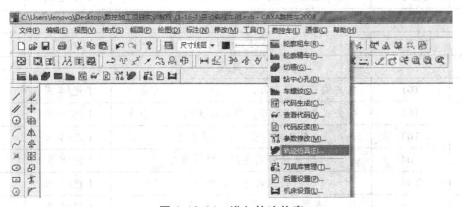

图 1-16-14　进入轨迹仿真

（2）根据左下角提示，点选需要仿真的刀路轨迹，右键点击【确定】。

（3）在弹出的【轨迹仿真控制条】中，调节快慢，点击 ▶ 按钮，开始轨迹仿真，如图 1-16-15 所示。

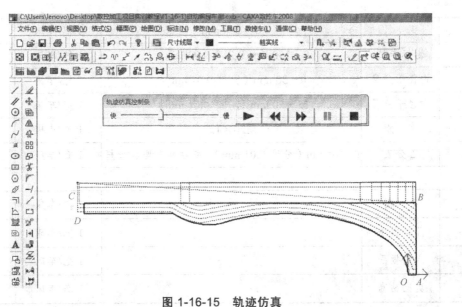

图 1-16-15　轨迹仿真

（4）G代码生成。通用的后置处理模块根据机床的代码形式，即可输出G代码。

四、任务准备

设备、材料及工量具要求如表1-16-1所示。

表1-16-1 设备、材料及工量具清单

序 号	名 称	规 格	数 量	备 注
		设 备		
1	数控车床	CNC6136，配三角自定心卡盘	1台/2人	
		耗 材		
1	棒 料	45钢，ϕ35 mm×100 mm	1根/人	
		刀 具		
1	T01	机夹式外圆粗车刀，刀尖角35°，硬质合金	1把/车床	
2	T02	机夹式外圆精车刀，刀尖角35°，硬质合金	1把/车床	
3	T03	机夹式切槽刀，硬质合金	1把/车床	
4	T04	机夹式内孔镗刀，硬质合金	1把/车床	
5	T05	机夹式内切槽刀，硬质合金	1把/车床	
6	T06	机夹式内螺纹车刀，硬质合金	1把/车床	
7	中心钻	ϕ4 mm，高速钢	1把/车床	
8	钻头	ϕ10 mm，高速钢	1把/车床	
9	钻 头	ϕ16 mm，高速钢	1把/车床	
		量 具		
1	钢 尺	0～200 mm	1把/车床	
2	游标卡尺	0～150 mm（分度0.02 mm）	1把/车床	
3	内径千分尺	0～30 mm（分度0.01 mm）	1把/车床	
4	内径千分尺	25～50 mm（分度0.01 mm）	1把/车床	
5	塞 规	M20×1.5	1把/车床	
6	百分表	0～10 mm（分度0.01 mm），配磁性表座、表杆	1套/车床	
		工 具		
1	毛 刷		1把/车床	
2	开口扳手		1把/车床	
3	六角扳手		1把/车床	
4	莫氏钻套		1套/车床	

五、任务实施

（一）工艺分析

1. 工艺过程及要点

加工工序安排如下：

（1）外轮廓粗车削。

（2）外轮廓精车削。

（3）切断，调头。

（4）内轮廓粗加工。

（5）内轮廓精加工。

（6）切内槽。

（7）车内螺纹。

2. 工艺过程及参数设置（见表 1-16-2）

表 1-16-2　工艺过程及刀具相关参数

| 序号 | 工步内容 | 刀具 | 切削用量 | | | 加工余量/mm | 备注 |
			n/(r/min)	F/(mm/min)	A_p/mm		
1	外轮廓粗车削	T01：35°外圆车刀	600	100	1	0.4	
2	外轮廓精车削	T02：35°外圆车刀	1 000	40		0	
3	内轮廓粗车削	T04：内孔外圆车刀	400	80	0.8	0.4	
4	内轮廓精车削	T04：内孔外圆车刀	800	40	0.4		
5	车内槽	T05：内孔切槽刀	400	20			
6	车内螺纹	T06：内螺纹车刀	200				

（三）检查考核（见表 1-16-3）

表 1-16-3　任务十六考核标准及评分表

姓名		班级			学号		总分	
序号	考核项目	考核内容			配分	评分标准	检验结果	得分
1	加工质量（60分）	直径	$\phi 24^{+0.033}_{0}$	IT	5分	超差 0.01 扣 2 分		
				Ra	5分	降一级扣 2 分		
			$\phi 30^{0}_{-0.021}$	IT	5分	超差 0.01 扣 2 分		
				Ra	5分	降一级扣 2 分		
		长度	6	IT	3分			
			18	IT	3分			
			58	IT	3分			

177

1	加工质量 （60分）	长度	80±0.03	IT	5分		
		螺纹	M20×1.5-7H	IT、*Ra*	6分		
		椭圆曲面	⌒		7分		
			Ra		5分		
		圆弧面	R16	IT、*Ra*	5分		
		其他	端面、倒角	IT、*Ra*	3分		
2	工艺与编程 （20分）	加工顺序、工装、切削参数等工艺合理（10分）					
		程序、工艺文件编写规范（10分）					
3	职业素养 （10分）	着装	按规范着装		每违反 一次扣 5 分，扣完 为止		
		纪律	不迟到、不早退、不旷课、不打闹				
		工位整理	工位整洁，机床清理干净，日常 维护				
4	文明生产 （10分）	按安全文明生产有关规定，每违反一项从中扣 5 分，发 生严重操作失误（如断刀、撞机等）每次从中扣 5 分，发 生重大事故取消成绩。工件必须完整、无局部缺陷（夹伤 等），否则扣 5 分					
指导教师						日期	

六、任务小结

对于一些简单的零件，数控车削加工一般可选择使用手工编程。但是较复杂的零件，如零件轮廓有椭圆、双曲线等形状或实际生产中为了满足特殊的工艺要求，常选择自动编程数控加工。

本任务借助相关软件，实现零件的自动编程和数控车削加工。完成任务训练内容后，还应掌握下面两点技能：

（1）CAXA 数控车 2008 绘图功能、机床预设置、各种刀路轨迹应用等。

（2）程序后处理、程序向机床传输。

项目八强化训练题

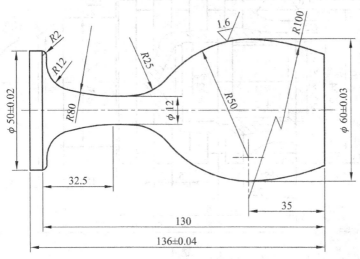

题 1

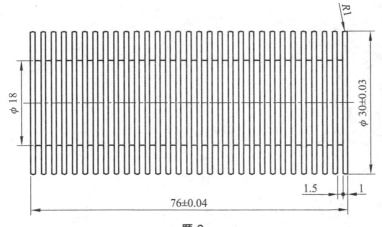

题 2

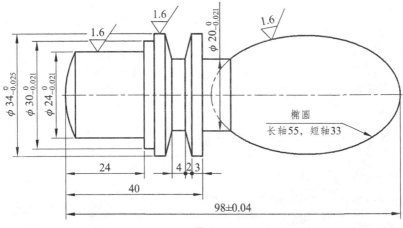

题 3

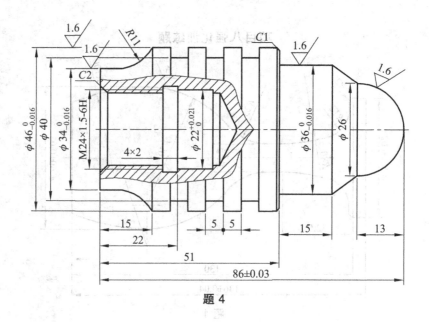

题 4

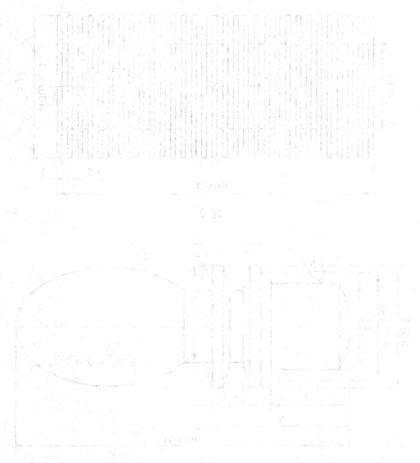

第二篇 数控铣削加工

一、认识数控铣床和加工中心

（一）数控铣床和加工中心的特点及分类

1. 数控铣床的特点

数控铣床是一种用途广泛的机床。数控铣床多为三坐标、两轴联动的机床，其控制方式也称为两轴半控制，即在 X、Y、Z 3 个坐标轴中，任意两轴都可以联动。一般情况下，在数控铣床上只能加工平面曲线的轮廓。对于有特殊要求的数控铣床，还可以增加一个回转的 A 坐标或 C 坐标，即增加一个数控分度头或数控回转工作台，这时机床的数控系统为四坐标数控系统，可用来加工螺旋槽、叶片等立体曲面零件。与普通铣床相比，数控铣床的加工精度高，加工质量稳定可靠，对零件加工的适应性强、灵活性好，生产自动化程度高，操作劳动强度低，生产效率高，能加工一次装夹定位后需进行多个工步及工序加工的零件，特别适用于加工形状复杂的零件或精度要求较高的中、小批量零件。

2. 数控铣床的分类

数控铣床通常按其主轴位置的不同分为以下 3 类：

（1）立式数控铣床。

立式数控铣床主轴轴线垂直于水平面，是数控铣床中数量最多的一种，应用范围也最为广泛，如图 2-0-1（a）所示。小型立式数控铣床一般采用工作台纵向、横向及垂向运动，主轴箱不动的方式；中型立式数控铣床一般采用工作台纵向、横向运动，主轴箱垂向升降运动的方式；大型立式数控铣床因要考虑扩大行程、缩小占地面积及刚性等技术问题，一般采用对称双立柱结构，通常把这种数控铣床称为龙门数控铣床，其主轴可以在龙门架上实现横向与垂向运动，而纵向运动则由工作台移动或龙门架移动来实现。

（2）卧式数控铣床。

卧式数控铣床主轴轴线平行于水平面，如图 2-0-1（b）所示。为了扩大加工范围和扩充功能，卧式数控铣床通常采用增加数控转盘或万能数控转盘来实现四至五坐标联动加工，这样不但可以加工工件侧面的连续回转轮廓，而且可以在一次装夹中，通过转盘改变工位，进行"四面加工"。尤其是万能数控转盘，可以把工件上各种不同空间角度的加工面摆成水平来加工，从而避免使用专用夹具或专用角度成形铣刀。对于箱体类零件或需要在一次装夹中改变工位的工件，选择带数控转盘的卧式数控铣床进行加工非常合适。

 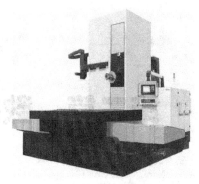

（a）立式数控铣床　　　　　　　　　　（b）卧式数控铣床

图 2-0-1　数控铣床

（3）立卧两用数控铣床。

立卧两用数控铣床的主轴方向可以变换，在一台铣床上既可以进行立式加工，又可以进行卧式加工。立卧两用数控铣床使用范围更广，功能更全，给用户带来了更多方便。立卧两用数控铣床增加数控转盘后，就可以实现对工件的"五面加工"，即除了工件的定位面以外，其他面都可以在一次装夹中进行加工。因此，其加工性能非常优越。

3. 加工中心的特点

加工中心是带有刀库和自动换刀装置的数控机床。加工中心的加工范围广、柔性程度高、加工精度和加工效率高，目前已成为现代机床发展的主流方向。与普通数控机床相比，它具有以下几个突出特点：

（1）加工中心具有刀库和自动换刀装置，在加工过程中能够由程序或手动控制选择和更换刀具，工件在一次装夹中，可以连续进行钻孔、扩孔、铰孔、镗孔、铣削以及攻螺纹等多工序加工，工序高度集中。

（2）加工中心带有自动摆角的主轴，工件在一次装夹后，可以自动完成多个平面和多个角度位置的多工序加工，实现复杂零件的高精度定位和精确加工。

（3）加工中心上如果带有自动交换工作台，一个工件在工作位置的工作台上进行加工的同时，另一个工件在装卸位置的工作台上进行装卸，可大大缩短辅助时间，提高加工效率。

4. 加工中心的分类

（1）按加工方式分类。

① 车削中心。车削中心是以全功能型数控车床为主体，配备刀库、自动换刀装置、分度装置、铣削动力头等部件，实现多工序复合加工的机床。在车削中心上，工件在一次装夹后，可以完成回转类零件的车、铣、钻、铰、螺纹加工等多种加工工序。车削中心功能全面，加工质量和速度都很高，但价格也较高。

② 铣削加工中心。通常所说的加工中心就是指铣削加工中心。铣削加工中心是机械加工行业应用最多的一类数控设备，有立式和卧式两种。其工艺范围主要是铣削、钻削、镗削。铣削加工中心控制的坐标数多为 3 个，高性能数控系统的坐标数可以达到 5 个或更多。不同的数控系统对刀库的控制采取不同的方式，有伺服轴控制和 PLC 控制两种。

（2）按机床主要结构分类。

① 立式加工中心。立式加工中心是指主轴轴线为垂直状态设置的加工中心，其结构形式多为固定立柱式，工作台为长方形，无分度回转功能，适合加工盘、板、套类零件。立式加工中心一般具有3个直线运动坐标，并可在工作台上安装一个水平轴的数控回转台，用以加工螺旋线类零件。对于五轴联动的立式加工中心，可以加工汽轮机叶片、模具等复杂零件。立式加工中心装夹工件方便，便于操作，易于观察加工情况，调试程序容易，但受立柱高度的限制，不能加工过高的零件，而且刀具在工件的上方，加工部位只能是工件的上部。在加工型腔或下凹的型面时，切屑不易排除，严重时会损坏刀具、破坏已加工表面，影响加工的顺利进行。

② 卧式加工中心。卧式加工中心是指主轴轴线为水平状态的加工中心。卧式加工中心通常都带有可进行分度回转运动的正方形分度工作台，一般都具有3～5个运动坐标，常见的是3个直线运动坐标（沿 X、Y、Z 3 个坐标轴方向）和一个回转运动坐标（回转工作台）。卧式加工中心在工件一次装夹后，能完成除安装面和顶面以外的其余4个表面的加工，最适合加工复杂的箱体类零件。

卧式加工中心有多种形式，如固定立柱式或固定工作台式。固定立柱式的卧式加工中心的立柱固定不动，主轴箱沿立柱做上下运动，而工作台可在水平面内做前后、左右移动；固定工作台式的卧式加工中心，安装工件的工作台是固定不动的（不做直线运动），沿3个坐标轴方向的直线运动由主轴箱和立柱的移动来实现。卧式加工中心调试程序及试切时不易观察，零件装夹和测量不方便，但加工时排屑容易，对加工有利。同立式加工中心相比，卧式加工中心的刀库容量一般较大，结构复杂，占地面积大，价格也较高。

③ 龙门加工中心。龙门式加工中心的形状与龙门铣床相似，主轴多为垂直设置。除自动换刀装置外，还带有可更换的主轴头附件，数控装置的功能也较齐全，能够一机多用，尤其适用于大型或形状复杂工件的加工，如飞机上的梁、框、壁板等。

④ 复合加工中心。复合加工中心既具有立式加工中心的功能，又具有卧式加工中心的功能，工件一次装夹后，能完成除安装面外的侧面和顶面共计5个面的加工，因此又被称为立卧式加工中心、万能加工中心或五面体加工中心等。常见的复合加工中心有两种形式，一种是主轴可以旋转90°，作垂直和水平转换，进行立式和卧式加工；另一种是主轴不改变方向，而由工作台带着工件旋转90°，完成对工件5个表面的加工。在复合加工中心上加工工件，可以使工件的形位误差降到最低，省去了二次装夹的工装，提高了生产效率，降低了加工成本。但是，由于复合加工中心结构复杂、造价高、占地面积大，所以其使用数量远不如其他类型的加工中心。

（二）数控铣床和加工中心的主要加工对象

1. 数控铣床的主要加工对象

数控铣床是机械加工中最常用和最主要的数控加工机床之一，它除了能铣削普通铣床所能铣削的各种零件表面外，还能铣削需要二至五坐标联动的各种平面轮廓和立体轮廓。根据数控铣床的特点，从铣削加工角度考虑，适合数控铣床加工的主要对象有以下几类：

（1）平面类零件。

加工面平行或垂直于水平面，或加工面与水平面的夹角为定值的零件为平面类零件。目前，在数控铣床上加工的大多数零件都属于平面类零件，其特点是各个加工面是平面，或可以展开成平面。平面类零件是数控铣削加工中最简单的一类零件，一般只需用三坐标数控铣床的两坐标联动（即两轴半坐标联动）就可以把它们加工出来。

（2）曲面类零件。

加工面为空间曲面的零件称为曲面类零件，如模具、叶片、螺旋桨等。曲面类零件不能展开为平面。加工时，铣刀与加工面始终为点接触，一般采用球头刀在三坐标数控铣床上加工。当曲面较复杂、通道较狭窄会伤及相邻表面或者需要刀具摆动时，需采用四坐标或五坐标铣床加工。

2. 加工中心的主要加工对象

针对加工中心的工艺特点，加工中心适宜加工形状复杂、加工内容多、精度要求较高、需用多种类型的普通机床和众多工艺装备，且需经多次装夹和调整才能完成加工的零件。加工中心的主要加工对象有以下几类：

（1）既有平面又有孔系的零件。

加工中心具有自动换刀装置，在一次装夹中，可以连续完成零件上平面的铣削，孔系的钻削、铰削、镗削、铣削及攻螺纹等多工步的加工。加工的部位可以在一个平面上，也可以在不同的平面上。五面体加工中心一次装夹可以完成除安装面外的侧面和顶面共计 5 个面的加工。因此，既有平面又有孔系的零件是加工中心的首选加工对象，这类零件常见的有箱体类零件和盘、套、板类零件。

① 箱体类零件是指具有一个以上孔系，内部有一定型腔，在长、宽、高方向有一定比例的零件。箱体类零件很多，一般都需进行孔系、轮廓、平面的多工位加工，精度要求较高，特别是形状精度和位置精度要求较严格，通常要经过铣、钻、扩、铰、镗、锪及攻螺纹等工步，使用的刀具、工装较多，在普通机床上需多次装夹、找正，测量次数多。因此，箱体类零件工艺复杂、加工周期长、成本高、精度不易保证。这类零件在加工中心上加工，一次安装可以完成 60%～95%的工序内容，零件各项精度一致性好，质量稳定，生产周期短，成本低。

对于加工工位较多，工作台需多次旋转才能完成加工的零件，一般选用卧式加工中心；当零件加工工位较少，且跨距不大时，可选用立式加工中心，从一端进行加工。

② 盘、套、板类零件常带有键槽，端面上有平面、曲面和孔系，径向也常分布一些径向孔。加工部位集中在单一端面上的盘、套、板类零件宜选择立式加工中心；加工部位位于不同方向表面的零件宜选择卧式加工中心。

（2）结构形状复杂、普通机床难以加工的零件。

① 凸轮类。凸轮类零件包括各种曲线的盘形凸轮、圆柱凸轮、圆锥凸轮和端面凸轮等，加工时，可根据凸轮表面的复杂程度，选用三轴、四轴或五轴联动的加工中心。

② 整体叶轮类。整体叶轮类零件常见于航空发动机的压气机、空气压缩机、船舶水下推

进器等。此类零件的加工除具有一般曲面加工的特点外，还存在许多特殊的加工难点，如通道狭窄、刀具很容易与加工表面和邻近曲面发生干涉。

③ 模具类。常见的模具有锻压模具、铸造模具、注塑模具及橡胶模具等。采用加工中心加工模具，工序高度集中，动模、静模等关键件的精加工基本能够在一次装夹中全部完成，尺寸累积误差小，修配工作量小。同时，模具的可复制性强，互换性好。

（3）外形不规则的异形零件。

异形零件的外形不规则，大多要点、线、面多工位混合加工，如支架、拨叉、基座、样板、靠模等。异形零件的刚性一般较差，夹紧及切削变形难以控制，加工精度也难以保证。因此，在普通机床上只能采取工序分散的原则加工，所用工装较多，加工周期较长。利用加工中心多工位点、线、面混合加工的特点，通过一次或两次装夹，即可完成异形零件加工中的大部分甚至全部工序内容。

（4）精度要求较高的中、小批量零件。

针对加工中心加工精度高、尺寸稳定的特点，对加工精度要求较高的中、小批量零件，选择加工中心加工，容易获得所要求的尺寸精度和形状位置精度，并可得到很好的互换性。

（5）周期性投产的零件。

某些产品的市场需求具有周期性和季节性，如果采用专门生产线会得不偿失，用普通设备加工效率又太低，质量也不稳定。若采用加工中心加工，首件试切完成后，程序和相关生产信息可保留下来，供以后反复使用，产品下次再投产时只要很少的准备时间就可以开始生产，生产准备周期大大缩短。

（6）新产品试制中的零件。

新产品在定型之前，需经反复试验和改进。选择加工中心试制，可省去许多用通用机床加工所需的试制工装。当零件被修改时，只需修改相应的程序并适当调整夹具、刀具即可，节省了费用，缩短了试制周期。

（三）数控铣床及加工中心的坐标系统

在数控机床上加工工件，刀具与工件的相对运动是以数字的形式来体现的，因此必须建立相应的坐标系，才能明确刀具与工件的相对位置。为了保证数控机床的正确运动，保持工作的一致性，简化程序的编制方法，并使所编程序具有互换性，ISO 标准和我国国家标准都规定了数控机床坐标轴及其运动方向，这给数控系统和机床的设计、使用及维修带来了极大的方便。

1. 机床坐标系

为了确定机床的运动方向和移动距离，就要在机床上建立一个坐标系，该坐标系叫作机床坐标系，也叫作标准坐标系。机床坐标系是确定工件位置和机床运动的基本坐标系，是机床固有的坐标系。图 2-0-2 为数控铣床及加工中心的机床坐标系。

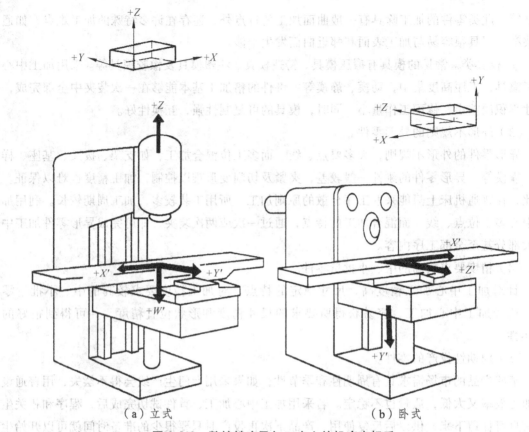

图 2-0-2　数控铣床及加工中心的机床坐标系

（a）立式　　　　　　　　（b）卧式

（1）坐标轴的方向。

数控铣床和加工中心的坐标系如图 2-0-2 中 + X、+ Y、+ Z 所示，其中 + Z 轴为机床主轴方向，+ X 轴平行于工件装夹面，+ Y 轴垂直于 + X 轴和 + Z 轴。不管是刀具运动还是工件运动，均假设是刀具运动，各坐标轴均以刀具远离工件的方向为正向。+ X'、+ Y'、+ Z'为工件相对于刀具运动的方向，显然 + X = − X'。机床坐标系为右手笛卡儿直角坐标系（见图 1-0-6）。

（2）机床原点和机床参考点。

机床原点又称为机械原点，是机床坐标系的原点。该点是机床上一个固定的点，其位置是由机床生产厂确定的，通常不允许用户改变。机床原点是工件坐标系、机床参考点的基准点，也是制造和调整机床的基础。机床原点是通过机床参考点间接确定的。机床参考点也是机床上一个固定的点，它与机床原点之间有一确定的相对位置，一般设置在刀具运动的 X、Y、Z 轴正向最大极限位置，其位置由机械挡块确定；也有的设在机床工作台中心。机床参考点已由机床制造厂测定后输入数控系统，并且记录在机床说明书中，用户不得更改。

数控机床通电时并不知道机床原点的位置，在机床每次通电之后、工作之前，必须进行回零（回参考点）操作，使刀具或工作台运动到机床参考点，以建立机床坐标系。当完成回零操作后，显示器即显示出机床参考点在机床坐标系中的坐标值，表明机床坐标系已自动建立。可以说，回零操作是对基准的重新核定，可消除多种原因产生的基准偏差。

注意： 数控机床开机后要做的第一件事就是返回参考点。

2. 工件坐标系

从理论上来说，编程人员采用机床坐标系编程是可以的，但这要求编程人员在编程前确切地知道工件在机床上的准确位置，然后进行必要的坐标换算再来编程，这给编程人员带来了极大的不便。在这种情况下，就要采用工件坐标系。

编程人员在零件图上建立的坐标系称为工件坐标系，其坐标原点称为工件原点或工件零点，也称为编程原点或编程零点。一般来说，工件坐标系与机床坐标系平行，工件原点由编程人员自行确定，在选择工件零点的位置时应注意：

（1）工件零点应选在零件图的尺寸基准上，这样便于坐标值的计算，并减少错误。

（2）工件零点尽量选在精度较高的工件表面，以提高被加工零件的加工精度。

（3）对于对称的零件，工件零点应设在对称中心上。

（4）对于一般零件，工件零点设在工件外轮廓的某一角上。

（5）Z轴方向上的零点，一般设在工件上表面或下表面上。

确定了工件坐标系后，必须建立工件坐标系和机床坐标系之间的联系，也就是说，必须让数控系统知道工件原点在机床坐标系的哪个位置，这个过程通过对刀来实现。对完刀后，在数控系统里输入相应的数据即可。

二、认识数控铣削刀具及夹具

（一）数控铣削刀具

数控铣削主要加工零件的孔、平面、轮廓、曲面等，因此常见的刀具分为孔加工刀具和铣削刀具两大类。

1. 孔加工刀具

由于孔的尺寸规格与技术要求多种多样，所以孔的加工方式不同，选用的孔加工刀具也较多，常见的有中心钻、钻头（麻花钻）、扩孔钻、铰刀、镗刀、丝锥、螺纹铣刀、锪孔钻、复合钻、机夹式硬质合金钻头等。不同的孔加工方式能够达到的精度等级如表 2-0-1 所示。

表 2-0-1　孔加工方式及精度等级

序　号	孔加工方式	尺寸精度等级	表面质量等级
1	钻	IT11～IT13	Ra5.0～12.5
2	扩	IT9～IT10	Ra6.3～3.2
3	铰	IT7～IT8	Ra1.6～0.4
4	镗	IT7～IT9	Ra1.6～0.8

（1）中心钻。

由于钻头（麻花钻）一般较长，且其底部横刃对钻削的阻力较大，材料硬度较大时，钻头直接钻孔容易钻偏，导致钻出斜孔或孔径偏大，严重时会导致钻头折断。为了定位钻尖和引导钻头钻入孔位，需先用中心钻预钻深 2～3 mm 的定位孔。中心钻如图 2-0-3 所示。

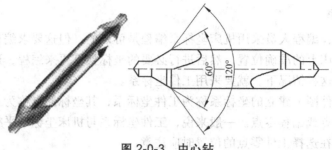

图 2-0-3　中心钻

（2）钻头。

为了适应不同的孔径要求，钻头的尺寸规格很多，小尺寸钻头直径系列一般以 0.1 mm 为单位递增，如 9.7 mm、9.8 mm、9.9 mm、10 mm、10.1 mm、10.2 mm 等，钻头直径越大，递增单位越大，具体选用可以参照钻头系列规格的国家标准。常用麻花钻的结构组成如图 2-0-4 所示。

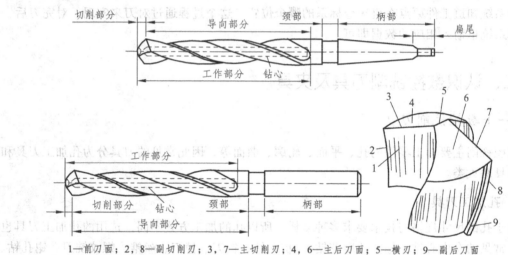

1—前刀面；2，8—副切削刃；3，7—主切削刃；4，6—主后刀面；5—横刃；9—副后刀面

图 2-0-4　麻花钻结构组成

钻头的工作部分包括切削部分和导向部分。

① 切削部分担负主要切削工作，由两条主切削刃、两条副切削刃、一条横刃及两个前刀面和两个后刀面组成。

② 导向部分有两条螺旋槽和两条棱边，螺旋槽起排屑和输送切削液的作用，棱边起导向、修光孔壁的作用。导向部分有微小的倒锥度，即从切削部分向柄部每 100 mm 长度上钻头直径减少 0.05 ~ 0.12 mm，以减少与孔壁的摩擦。

钻心直径（即与两槽底相切圆的直径）影响钻头的刚性和螺旋槽截面面积。对标准麻花钻而言，为了提高钻头的刚性，钻心直径制成向钻柄方向增大的正锥，其正锥量一般为（1.4 ~ 2）/100 mm。颈部是柄部和工作部分的连接部分，是磨削柄部时砂轮的退刀槽，也是打印商标和钻头规格的地方。直柄钻头一般没有颈部。

标准麻花钻的不足之处如下：

① 钻头端部切削速度由外向内递减到零。

② 钻头主切削刃上各点的前角变化很大，钻孔时，外缘处的切削速度最大，而该处的前角最大，刀刃强度最薄弱，因此钻头在外缘处的磨损特别严重。

③ 钻头横刃较长，横刃及其附近的前角为负值，达 $-55° \sim -60°$，钻孔时，横刃处于挤刮状态，轴向抗力较大。同时横刃过长，不利于钻头定心，易产生引偏，致使加工孔的孔径增大、孔不圆或孔的轴线歪斜等。

（3）扩孔钻。

如图 2-0-5 所示，扩孔钻用来扩大孔径、提高孔的加工精度。扩孔钻用于孔的最终加工或铰孔、磨孔前的预加工。扩孔钻与麻花钻相似，但齿数较多，一般有 3～4 齿。主切削刃不通过中心，无横刃，钻心直径较大，因此扩孔钻的强度和刚性均比麻花钻好，可获得较高的加工质量及生产效率。

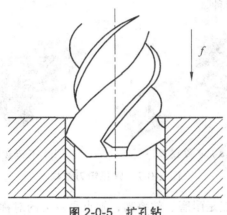

图 2-0-5　扩孔钻

（4）铰刀。

如图 2-0-6 所示，铰刀用于铰削工件上已钻削或已扩孔加工后的孔（铰削余量一般较小），能获得精确的孔径尺寸、形状精度以及非常光洁的表面质量。铰刀由工作部分、颈部和柄部组成。

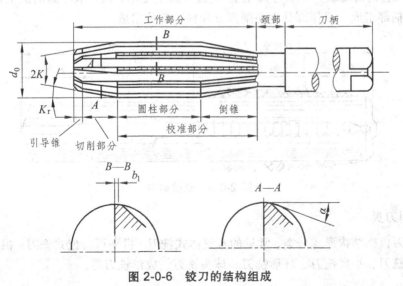

图 2-0-6　铰刀的结构组成

工作部分由引导部分、切削部分、校准部分和倒锥组成。铰刀的校准部分上有棱边 b_1，它起定向、修光孔壁、保证铰刀直径和便于测量等作用，棱边不能太宽，否则会使铰刀与孔壁的摩擦增加，一般为 0.15～0.25 mm。工作部分后部的倒锥可减小铰刀与孔壁之间的摩擦。铰刀柄部用来装夹和传递扭矩，有圆柱形、圆锥形和圆柄方榫形等形状。

铰刀的切削刃有直刃和螺旋刃两种。

① 直刃铰刀制造、刃磨和检验都比较方便，应用较为广泛。

② 螺旋刃铰刀切削平稳，排屑性能好，刀具寿命高，铰削质量好。

（5）镗刀。

镗刀是精密孔加工中不可缺少的重要刀具。当孔的尺寸精度、形状精度以及表面质量要求高，且孔径较大或无相应铰刀加工时，选用镗刀进行加工。如图 2-0-7 所示，镗刀常见形式有双刃镗刀和单刃镗刀两种。

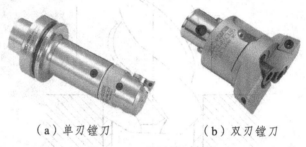

（a）单刃镗刀　　　　　（b）双刃镗刀

图 2-0-7　常见镗刀结构

① 双刃镗刀的主要优点是耐磨、效率高，缺点是双刃的对称性不好时易导致轻微振动，影响孔的加工精度。双刃镗刀用于精密孔的粗镗、半精镗。

② 单刃镗刀因为是单刃切削，孔加工的形状精度等得以保持，用于精密孔的精镗。

（6）丝锥。

如图 2-0-8 所示，丝锥主要用于加工小孔径的内螺纹，大孔径内螺纹可使用螺纹铣刀切削加工（小轴径的外螺纹使用板牙加工）。丝锥可成组使用，以获取较高的加工精度。丝锥由工作部分和柄部组成，工作部分由切削部分和校准部分组成。

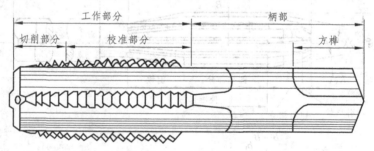

图 2-0-8　丝锥结构

2. 铣削刀具

数控铣刀根据结构形式分类，常见的有整体式铣刀、机夹可转位式铣刀；根据形状分类，常见的有面铣刀、平底铣刀、环形铣刀、球头铣刀、成形铣刀等。

（1）面铣刀。

面铣刀适用于加工较大的平面，结构形式一般为机夹可转位式，如图 2-0-9 所示。

图 2-0-9　面铣刀刀头结构及常见刀粒

（2）平底铣刀。

平底铣刀适用于加工小平面、凸台、凹槽、直壁、直壁与底面为直角过渡的结构的精加工，其结构如图 2-0-10 所示。平底铣刀的螺旋刃数主要有 2 刃、3 刃、4 刃、6 刃，刃数越多，刚性越好，加工精度越高，但螺旋槽越浅，排屑越不顺畅，其优缺点及主要用途如表 2-0-2 所示。

表 2-0-2　不同刃数的平底铣刀优缺点对比

平底铣刀	2 刃	3 刃	4 刃	6 刃
用途	槽加工、侧面加工、孔加工、曲面加工等	槽加工、侧面加工、精加工	浅槽、侧面加工、精加工	高硬度材料加工、浅槽、侧面加工
优点	切屑排出顺畅，可轴向进给加工，切削力小	切屑排出顺畅，可轴向进给加工	刚性好	刚性好，切削刃耐久性优异
缺点	刚性差	外径测量需特殊量具	切屑排出效果差	切屑排出效果差

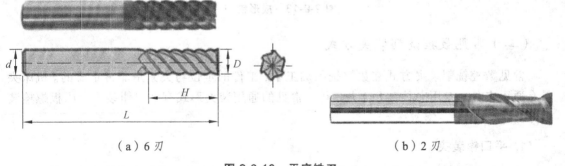

（a）6 刃　　　　　　　　　　　（b）2 刃

图 2-0-10　平底铣刀

平底铣刀的底部刃不经过底部中心，即平底铣刀底部中心没有切削刃，故不能垂直下刀切入工件。当底部刃经过中心时，可适当垂直下刀切削，此种铣刀叫作键槽铣刀。

（3）环形铣刀。

如图 2-0-11 所示，与平底铣刀的底部直角相比，环形铣刀的底部角为一倒圆角，适

191

合于较平坦曲面、直壁与底面为小 R 角过渡结构的精加工。环形铣刀也叫圆角刀、圆鼻刀、牛鼻刀。

（4）球头铣刀。

球头铣刀的端部为球形，适用于曲面精加工，也叫球刀、R 刀，如图 2-0-12 所示。

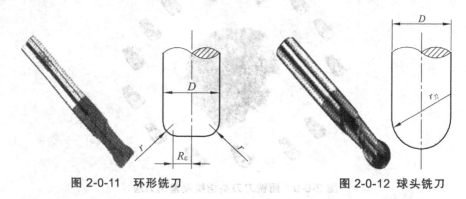

图 2-0-11　环形铣刀　　　　　　　　　　　图 2-0-12　球头铣刀

（5）成形铣刀。

成形铣刀适用于特殊形状表面的加工，如倒角刀适用于倒角（直角、圆角）加工，鼓形铣刀，锥形铣刀适用于加工类似飞机上的变斜角零件的变斜角面，如图 2-0-13 所示。

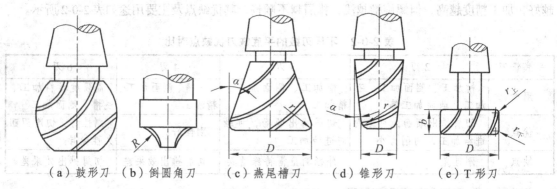

（a）鼓形刀　（b）倒圆角刀　　（c）燕尾槽刀　　（d）锥形刀　　（e）T 形刀

图 2-0-13　成形铣刀

（二）常见数控铣削装夹方式

常见数控铣削装夹方式在数控铣削加工中，工件的定位与夹紧是非常重要的。机床夹具有通用夹具、专用夹具、组合夹具等。常见的通用装夹形式有平口钳装夹、压板螺栓装夹等。

1. 平口钳装夹

如图 2-0-14 所示，平口钳又名机用虎钳，是一种通用夹具，常用于安装小型工件。平口钳装夹工件的注意事项如下：

（1）装夹工件前应当校正平口钳，将百分表磁座吸在主轴上，使用手摇拖动百分表校正平口钳的固定钳口，确保固定钳口平行度为 0.01 ~ 0.02 mm。

（2）工件的被加工面必须高出钳口，否则就要用平行垫铁垫高工件。

（3）为了使装夹牢固，防止铣削时工件松动，必须把工件比较平整的平面紧贴在垫铁和钳口上。

（4）要使工件紧贴在垫铁上，应该一面夹紧，一面用手锤轻击工件的顶面，光洁的平面要用铜棒进行敲击以防止敲伤光洁表面。用手挪动垫铁以检查夹紧程度，如有松动，说明工件与垫铁之间贴合不好，应该松开平口钳重新夹紧。

（5）为了不使钳口损坏和保持已加工表面，夹紧工件时在钳口处垫上铜片。

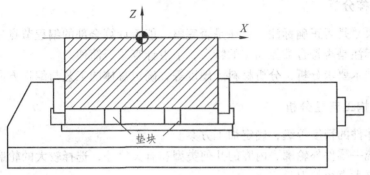

图 2-0-14　平口钳装夹方式

2. 压板螺栓装夹

较大工件或某些不宜用平口钳装夹的工件可直接用压板和螺栓将其固定在工作台上，如图 2-0-15 所示。压板螺栓装夹工件注意事项如下：

（1）压板的位置要适当，压在工件刚性最好的地方，夹紧力的大小也应适当，不然刚性差的工件易产生变形。

（2）机床垫铁必须正确地放在压板下，高度要与工件相同或略高于工件；否则会降低压紧效果。

（3）压板螺栓必须尽量靠近工件，并且螺栓到工件的距离应小于螺栓到垫铁的距离，这样可增大压紧力。

（4）应按对角顺序分几次逐渐拧紧螺母，以免工件产生变形。有时为了使工件不致在铣削时被推动，须在工件前端加放挡铁。

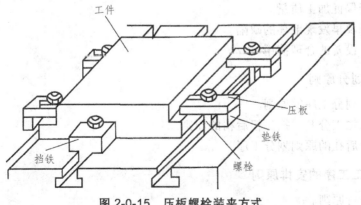

图 2-0-15　压板螺栓装夹方式

三、数控铣削加工工艺基础

数控铣削编程不仅仅是编写程序，其核心内容是零件的工艺规程制订，如零件的工艺性分析、工艺路线制订、刀具选择、切削参数选择等。

（一）零件的工艺性分析

1. 零件图样分析

（1）图样尺寸是否正确标注，标注是否完整，能否计算全部的编程节点坐标。

（2）尺寸标注是否符合数控加工的特点，节点计算是否简便。

（3）零件技术要求分析，分析材料、硬度等，确定总体的工艺与编程方向。

2. 零件结构工艺性分析

（1）分析零件的精度等级，确定加工方案。

（2）尽量统一零件外轮廓、内腔的几何类型和有关尺寸，选择较大的轮廓内圆弧半径，尽量统一选择更大直径的刀具。

（3）零件槽底部圆角半径不宜过大，确保编程与刀具使用的简便。

（4）保证基准统一，尽量使编程基准与设计基准、装夹基准统一。

（5）分析零件的变形情况，避免装夹变形、加工变形等。

3. 零件毛坯工艺性分析

（1）分析毛坯的余量大小及均匀性，毛坯应有充分、稳定的加工余量。

（2）分析毛坯的装夹适应性，尽量装夹工件的平整面，如毛坯粗糙则需先铣削出装夹面。

（二）工艺路线的确定

1. 加工方法的选择

根据平面、轮廓、孔、曲面等不同零件特征合理安排加工方法及走刀方式。

2. 加工阶段的划分原则

（1）有利于保证加工质量。

（2）有利于及早发现毛坯的缺陷。

（3）有利于设备的合理使用。

3. 工序的划分原则

（1）按刀具划分工序的原则。

（2）粗、精加工分开，按先粗后精的原则。

（3）按先面后孔的原则划分工序。

4. 切削加工工序的安排原则

（1）基面先行原则。

（2）先粗后精原则。

（3）先主后次原则。

（4）先面后孔原则。

5. 装夹方案的确定

在数控加工时，把工件放在机床上（或夹具中），从定位到夹紧的整个过程称为工件的安装。工件安装的好坏直接影响着工件的加工精度。

选择定位基准要遵循以下 4 个原则：

（1）基准重合原则。

（2）基准统一原则。

（3）自为基准原则。

（4）互为基准原则。

零件的定位基准要满足数控加工工序集中的特点，即一次安装尽可能完成零件上较多表面的加工。对于形状简单的单一小批量零件，生产时应尽量选用通用夹具，如台钳等。

6. 进给路线的确定

加工路线的确定原则主要有以下几点：

① 加工路线应保证被加工零件的精度和表面质量，且效率要高。

② 使数值计算简单，以减少编程运算量。

③ 应使加工路线最短，这样既可简化程序段，又可减少空走刀时间。

（1）顺铣和逆铣的选择。

如图 2-0-16 所示，顺铣时铣刀与工件接触部位的旋转方向与工件进给方向相同。逆铣则相反，铣刀与工件接触部位的旋转方向与工件进给方向相反。顺铣时，铣刀刀刃的切削厚度由最大到零，不存在滑行现象，刀具磨损较小，工件冷硬程度较轻，表面粗糙度较好，适合精加工。逆铣时，铣刀刀刃不能立刻切入工件，而是在工件已加工表面滑行一段距离，刀具磨损加剧，工件表面产生冷硬现象。数控加工中毛坯状况良好，如无表面氧化硬化层时，一般选择顺铣方式。

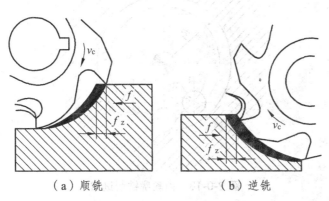

（a）顺铣　　　　　　　（b）逆铣

图 2-0-16　顺铣与逆铣

根据上面的分析，当工件表面有硬皮、机床的进给机构有间隙时，应选用逆铣。因为逆铣时，刀齿是从已加工表面切入的，不会崩刃；机床进给机构的间隙不会引起振动和爬行，因此粗铣时应尽量采用逆铣。当工件表面无硬皮、机床进给机构无间隙时，应选用顺铣。因为顺铣加工后，零件表面质量好，刀齿磨损小，因此精铣时，尤其是零件材料为铝镁合金、钛合金或耐热合金时，应尽量采用顺铣。

（2）平面轮廓的进给路线。

① 铣削外轮廓的进给路线。

为了避免因切削力变化在加工表面产生刻痕，当用立铣刀铣削外轮廓平面时，应避免刀具沿零件外轮廓的法向切入、切出，而应沿切削起始点延伸线或切线方向逐渐切入、切出工件，如图 2-0-17 所示。

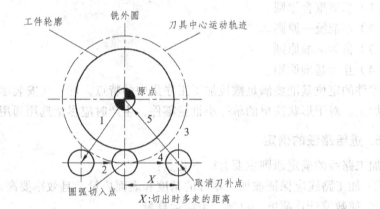

图 2-0-17　外轮廓铣削进刀

② 铣削内轮廓的进给路线。

铣削封闭的内轮廓表面时，为了避免沿轮廓曲线的法向切入、切出，刀具可以沿一过渡圆弧切入和切出工件轮廓。图 2-0-18 为铣削内轮廓的进给路线。图中 R_1 为零件圆弧轮廓半径，R_2 为过渡圆弧半径。

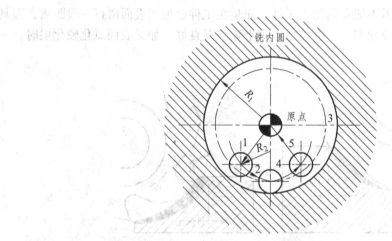

图 2-0-18　内轮廓铣削进刀

③ 铣削内槽的进给路线。

所谓内槽，是指以封闭曲线为边界的平底凹槽。这种内槽用平底立铣刀加工，刀具圆角半径应符合内槽的图纸要求。

（3）曲面轮廓的进给路线。

加工边界敞开的三维曲面，根据曲面形状、精度要求、刀具形状等情况，常采用两轴半坐标联动或三坐标联动的方法进行行切加工。

（三）刀具的选择

在选择数控加工刀具时，应根据待加工零件的材质、结构形状、加工余量大小、技术经济指标、刀具所能承受的切削用量、操作间断时间、振动、电力波动或突然中断及批量等因素，选择合适的数控加工刀具。刀具选用包括刀具的材质、结构形状、规格和编号等的确定。

（四）切削用量的选择

切削用量包括切削速度（主轴转速）、进给速度、背吃刀量和侧吃刀量。粗加工时，首先选取尽可能大的背吃刀量，再根据机床动力和刚性的限制条件等，选取尽可能大的进给量，最后根据刀具耐用度确定最佳的切削速度。精加工时，首先根据粗加工后的余量确定背吃刀量，再根据已加工表面的粗糙度要求，选择尽可能小的进给量；最后在保证刀具耐用度的前提下，选择较高的切削速度。具体的切削用量值（切削速度、进给速度、背吃刀量、侧吃刀量）随实际的工件材料、所用刀具、装夹形式、机床刚性等的不同而不同，最佳参数应当根据刀具厂商提供的切削参数试验得到，其次可以查阅机械制造手册相关参考数值。

影响切削的因素是铣削速度，其次是进给量，背吃刀量的影响最小。为了保证铣刀合理的寿命，应当优先采用较大的背吃刀量，然后是选择较大的进给量，最后才是根据铣刀寿命的要求，选择适宜的铣削速度。

1. 吃刀量的选择

刀具切入工件后的吃刀量包括背吃刀量 A_p 和侧吃刀量 A_w 两个方面。

（1）背吃刀量 A_p。在机床、工件和刀具刚度允许的情况下，背吃刀量可以等于加工余量，即尽量做到一次进给铣去全部的加工余量，这是提高生产效率的一个有效措施。只有当表面粗糙度要求 Ra 值小于 6.3 μm 时，为了保证零件的加工精度和表面粗糙度，才需要考虑留有一定的余量进行精加工。

（2）侧吃刀量 A_w。侧吃刀量又称为切削宽度，在编程软件中称为步距，一般切削宽度与刀具直径 D 成正比。在粗加工时，步距取得大些有利于提高加工效率。使用平底刀进行切削时，一般取 $A_w = (0.6 \sim 0.9)D$；而使用圆鼻刀进行加工时，刀具实际直径应扣除刀尖的圆角部分，即 $d = D - 2r$（d 为刀具实际直径，r 为刀尖圆角半径），而 A_w 可以取到 $(0.8 \sim 0.9)d$；在使用球头刀进行精加工时，步距的确定应首先考虑所能达到的精度和表面粗糙度要求。

（3）背吃刀量或侧吃刀量与表面质量的要求。

① 在工件表面粗糙度值要求为 $Ra12.5 \sim 25$ μm 时，如果圆周铣削的加工余量小于 5 mm，面铣的加工余量小于 6 mm 时，粗铣一次进给就可以达到要求。但在余量较大、工艺系统刚性较差或机床动力不足时，可分两次进给完成。

② 在工件表面粗糙度值要求为 $Ra3.2 \sim 12.5$ μm 时，可分粗铣和半精铣两步进行。粗铣时，背吃刀量或侧吃刀量尽量做到一次进给铣去全部的加工余量，工艺系统刚性较差或机床

动力不足时，可分两次进给完成。粗铣后留 0.5～1 mm 的余量，在半精铣时切除。

③ 在工件表面粗糙度值要求为 Ra0.8～3.2 μm 时，可分粗铣、半精铣、精铣 3 步进行。半精铣时背吃刀量或侧吃刀量取 1.5～2 mm；精铣时，圆周铣削的侧吃刀量取 0.3～0.5 mm，面铣刀背吃刀量取 0.5～1 mm。必须指出，机床刚度、工件材料和精度以及刀具材料和规格等因素都影响背吃刀量和侧吃刀量的选择。实际使用时，应查阅相关工艺手册选择合适的背吃刀量和侧吃刀量。

2. 每齿进给量 f_z 的选择

粗铣时，限制进给量提高的主要因素是切削力，进给量主要是根据铣床进给机构的强度、刀杆的刚度、刀齿的强度及铣床、夹具、工件的工艺系统刚度来确定的。在强度和刚度许可的条件下，进给量可以尽量选取得大一些。精加工时，限制进给量提高的主要因素是表面粗糙度。为了减少工艺系统的振动，减小已加工表面的残留面积高度，一般选取较小的进给量。每齿进给量的选择方法总结如下：

（1）一般情况下，粗铣取大值，精铣取小值。

（2）对刚性较差的工件，或所用的铣刀强度较低时，铣刀每齿进给量应适当减小。

（3）在铣削加工不锈钢等冷硬倾向较大的材料时，应适当增大铣刀每齿进给量，以免切削刃在冷硬层上切削，以致加速切削刃的磨损。

（4）精铣时，如果铣刀安装后的径向圆跳动量及轴向圆跳动量加大，则铣刀每齿进给量应相应适当地减小。

（5）用带修光刃的硬质合金铣刀进行精铣时，只要工艺系统的刚性好，铣刀每齿进给量可适当增大，但修光刃必须平直，并与进给方向保持较高的平行度，这就是所谓的大进给量强力铣削。大进给量强力铣削可以充分发挥铣床和铣刀的加工潜力，提高铣削加工效率。

确定铣刀每齿进给量 f_z 后，进给速度 $F = f_z n z$（mm/min），z 为铣刀的齿数，n 为转速（r/min）。

3. 切削速度 v_c 的选择

在铣削加工时，切削速度 v_c 也称为单齿切削量，单位为 m/min。提高切削速度是提高生产效率的一个有效措施，但切削速度与刀具寿命的关系比较密切。随着切削速度的增大，刀具寿命急剧下降，故切削速度的选择主要取决于刀具寿命。另外，切削速度还要根据工件材料的硬度作适当的调整。

确定了切削速度 v_c 后，主轴转速 $n = v_c \times 1\,000/(\pi D)$，$D$ 为刀具直径（mm）。

数控加工的多样性、复杂性以及日益丰富的数控刀具，决定了选择刀具时不能再主要依靠经验。刀具制造厂在开发每一种刀具时，已经做了大量的试验，在向用户提供刀具的同时，也提供了详细的使用说明。操作者应该能够熟练地使用生产厂商提供的技术手册，通过手册选择合适的刀具，并根据手册提供的参数合理使用数控刀具。

项目九 数控铣床加工基本操作

任务十七 数控铣床基本操作

一、任务导入

学习数控铣床操作面板按钮的功能。

二、任务分析

本任务的目的是学习操作数控铣床，安全生产；掌握数控铣床正确的开、关机步骤；了解数控铣床操作面板功能；能够进行回零、录入、手轮等操作。

三、相关知识

（一）数控铣床（FANUC Oi-MD）操作面板按键介绍

本文以发那科数控系统 FANUC Oi-MD 为例介绍。其操作面板如图 2-17-1 所示，操作面板功能键介绍如表 2-17-1 所示。

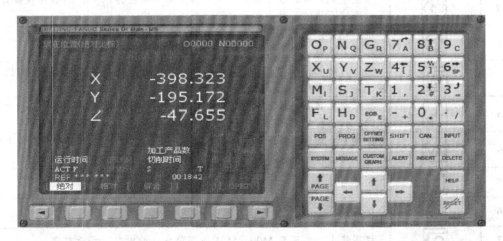

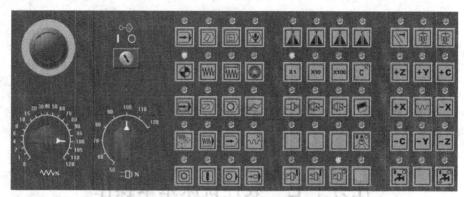

图 2-17-1　FANUC Oi-MD 操作面板

表 2-17-1　FANUC Oi-MD 操作面板功能键介绍

序　号	名　称	功　能　说　明
1		自动方式选择
2		编程方式选择
3		手动数据输入方式选择
4		DNC 方式选择
5		机床回参考点方式选择
6		手动方式选择
7		增量方式选择（在选用手轮后此功能无效）
8		手轮操作方式选择
9		按下此键，此时其上指示灯亮，程序进行单段运行；再一次按下该键，其上指示灯灭，取消该功能。为了安全起见，在换刀过程中不允许单段运行
10		当按下此键时，其上指示灯亮，程序中有跳段标记"/"的程序将被跳过；再一次按下该键，其上指示灯灭，取消该功能
11		按下此键，其上指示灯亮，此时若运行到 M01 程序段即可使程序停止；再一次按下该键，指示灯灭，取消该功能
12		空运行功能：按下此键，其上指示灯亮，即可进入此功能；再一次按下此键，其上指示灯灭，取消该功能
13		程序测试功能：按下此键，其上指示灯亮，即可进入此功能；再一次按下此键，其上指示灯亮，取消该功能。在运行此功能后必须重新回零
14		主轴禁止功能：按下此键，其上指示灯亮，各轴将禁止运动；再一次按下此键，其上指示灯灭，取消该功能
15		循环启动
16		循环停止
17		程序停止，在遇到 M00、M01 程序停止，此时其上指示灯亮

序号	名称	功能说明
18		X、Y、Z轴镜像，其上指示灯亮，表示进入 X、Y、Z轴镜像状态
19	X1 X10 X100	在便携式手轮时，其上指示灯亮，表示已选择进给量×1、×10、×100
20		在松刀到位后，主轴锥孔吹气几秒，其上指示灯亮
21		气冷键，当按下该键时，其上指示灯亮，表示气冷打开；再次按下该键，其上指示灯灭，表示关闭
22		当 X、Y、Z任何一轴的任一个方向超硬极限时，该灯亮
23		在 JOG 方式下，处于夹刀状态时按下此键，主轴正转启动（必须具有 S 值）
24		在 JOG 方式下，主轴停止
25		在 JOG 方式下，处于夹刀状态时按下此键，主轴反转启动（必须具有 S 值）
26		在 JOG 方式下，主轴停止时按下此键，可进行主轴手动松刀
27		在 JOG 方式下，主轴停止时按下此键，可进行主轴手动紧刀
28		排屑键，按下此键，对排屑器进行启停控制
29	+X +Y +Z	（1）在 JOG 方式下，按下此键，其上指示灯闪烁，X轴进行正方向运动；松开此键，其上指示灯灭，X轴停止运动 （2）在 home 方式下，按下此键，其上指示灯闪烁，X轴进行回零 （3）在手轮时，按下此键，其上指示灯闪烁，表示已选择X轴；在简装式手轮时，按下此键，其上指示灯闪烁，表示已经选择进给X轴
30	-X -Y -Z	在 JOG 方式下，按下此键，其上指示灯亮，X、Y、Z轴进行负方向运动；松开该键，其上指示灯灭，X、Y、Z轴停止运动
31		快速运动功能：当各轴回零后，在 JOG 方式下，按坐标运动键的同时按下该键，其上指示灯亮，轴将以快移速度运动；松开该键，将以手动速度运动
32		水冷却控制方式的启动/停止手动控制，当该键按下时，其上指示灯亮，表示水冷却进入运转方式；当再一次按下该键时，其上指示灯灭，表示水冷却进入停止方式
33		工作灯启动关闭转换，在任何方式下，按下该键，该灯亮，工作灯启动；再按下该键，该灯灭，工作灯关闭
34		各进给运动的速度倍率开关

（二）数控铣床基本操作

1. 开 机

依次打开各电源开关→电气柜开关→操作面板钥匙开关→接通或关闭数控系统电源开关→显示器→计算机主机电源开关。

2. 机床手动操作及手轮操作

（1）手动操作：选择手动功能键，然后按动方向按键 +X、+Y、+Z（-X、-Y、-Z），使机床刀具相对于工作台向坐标轴某一个方向运动。

（2）手轮操作：选择手轮（单步）功能键，然后在手轮上选择运动坐标轴（X、Y、Z），再旋钮手轮往正负方向运动。

3. 回零操作

（1）回零前准备：用手轮方式将工作台、刀轴移动至中间部位（刀轴移动至中间部位增加回零缓冲运动距离，尤其 Z 向行程较小，只有 100 mm，多加注意，防止出现机床超程）。

（2）回零操作：选择回零按键，先点动 +Z 轴看显示器机械坐标 Z 轴完全自动回零后，接着再按 +X、+Y 轴，等待系统自动回零，三轴完全回零后方可做其他操作。

4. 程序传输

（1）功能旋钮指向【编辑】功能，点击【PROG】键。

（2）依次选择屏幕下方的【操作】、【READ】、【EXEC】键，等待程序输入。

（3）计算机传输系统启动，设置好参数，加载所需程序，点击【传输】即可。

5. G54 设置

（1）手轮对刀方法，找到并计算出工件上所需坐标点的位置。

（2）设置 G54。

① 功能旋钮指向【编辑】功能，点击【OFFSET】键。

② 选择屏幕下方的【坐标】键，用箭头键将光标位置放置在 G54 处。

③ 输入相应坐标值即可。

6. 程序加工

选择自动方式按键，再选择循环启动键，机床便根据程序进行加工。

注意：加工时不要离开机床；启动前找到急停按钮的位置。

7. 编辑 ⟨∅⟩（EDIT）

（1）创建新程序：将工作"方式选择"旋钮选择【编辑】⟨∅⟩→按显示屏幕右边 MDI 键盘上的【程序】（PROG）键→按显示屏幕下方的【DIR】键→通过 MDI 键盘输入新程序文件名（O××××）→按 MDI 键盘上的【INSERT】键→通过 MDI 键盘输入程序代码，内容将在 CRT 屏幕上显示出来。

（2）程序查找：将工作"方式选择"旋钮选择【编辑】⟨∅⟩→按 MDI 键盘上的【程序】（PROG）键→通过 MDI 键盘输入要查找的程序文件名（O××××）→按显示屏幕下方的章选择【O 检索】键，屏幕上即可显示要查找的程序内容。

（3）程序修改：将工作"方式选择"旋钮选择【编辑】⟨∅⟩→按 MDI 键盘上的【程序】（PROG）键→通过显示屏幕右边的 MDI 键盘输入要修改的程序文件名（O××××）→按 CRT 显示屏幕下方的【O 检索】键，屏幕上即可显示要修改的程序内容→使用 MDI 键盘上的【光标移动键】和【翻页键】，将光标移至要修改的字符处→通过显示屏幕右边

MDI 键盘输入要修改的内容→按 MDI 键盘上的替换【ALTER】键、插入【INSERT】键、删除【DELETE】键对程序进行修改等操作。

（4）程序删除：将工作"方式选择"旋钮选择【编辑】◇→按显示屏幕右边 MDI 键盘上的【程序】（PROG）键→通过 MDI 键盘输入要删除的程序文件名（O××××）→按 MDI 键盘上的【删除】（DELETE）键，再按显示屏幕下方的【执行】键，即可删除该程序文件。

（5）程序字符查找：将工作"方式选择"旋钮选择【编辑】◇→按 MDI 键盘上的【程序】（PROG）键→通过 MDI 键盘输入要查找的程序文件名（O××××）→按 CRT 屏幕下方的章选择【O 检索】键，屏幕上即可显示要查找的程序内容→通过 MDI 键盘输入要查找的字符→按屏幕下方的【检索↑】或【检索↓】键，即可按要求向上或向下检索到要查找的字符。

8. 自动运行 ➡（AUTO）

（1）程序的调入：将工作"方式选择"旋钮选择【编辑】◇→按 MDI 面板上的【程序】（PROG）键显示程序屏幕→在 MDI 键盘上输入要调入的程序文件名（O××××）→按 CRT 显示屏下的章选择【O 检索】键，CRT 显示屏上将显示出所选程序的内容。

（2）程序的校验：将工作"方式选择"旋钮选择【自动】➡→按 MDI 键盘上的【图形】（CUSTOMGRAPH）键→按 CRT 显示屏下的选择【参数】键，设置合理的图形显示参数→按下【图形】键，显示屏上将出现一个坐标轴图形→在机床操作面板上选取合理的进给速率→按机床操作面板上的【锁定】、【空运行】▥键→确认无误后按【循环启动】▯键，即可进行程序校验，屏幕上将同时绘出刀具运动轨迹。

注意：若选取了程序【单段】➡键，则系统每执行完一个程序段就会暂停，此时必须反复按【循环启动】▯键。空运行完毕必须取消【锁定】、【空运行】▥键方能进行自动加工。

（3）自动加工：调入程序→将工作"方式选择"旋钮选择【自动】➡→通过校验确认程序准确无误后→【进给速率修调】旋钮选择合理速率和加工过程显示方式→按操作面板上的【循环启动】▯键，即可进行自动加工。

注意：加工过程中，可根据需要选择多种显示方式，如图形、程序、坐标等。操作方法参见数控系统有关资料。

（4）加工过程处理。

① 加工暂停：按【进给保持】键，暂停执行程序→按主轴【手动】▨键操作【停止】▱键可停主轴。

② 加工恢复：在【自动】➡工作方式下按主轴【手动】▨键操作【正转】▱键→按【循环启动】▯键，即可恢复自动加工。

③ 加工取消：加工过程中若想退出，可按 MDI 键盘上的【复位】（RESET）键退出加工。

9. DNC 运行 ▨（RMT）

DNC 加工，也叫在线加工。将机床与计算机或网络联机→将工作"方式选择"旋钮选择

【DNC】▼键→按 MDI 面板上的【程序】（PROG）键→在联机 NC 计算机准备完毕后→按操作面板上的【循环启动】①键。

任务十八 数控铣床对刀操作

一、任务导入

数控铣床相比数控车床的难点之一，就是数控铣床对刀操作较难掌握。在学习对刀操作之前，要清楚机床坐标系和工件坐标系的原理及联系。必要时，可借助仿真软件进行数控铣床对刀操作训练。

二、任务分析

本任务要求学生熟悉机床坐标轴及方向的判定方法；掌握"四面分中"的对刀方法及设置工件坐标系参数；掌握在"MDI"功能中校核工件坐标系零点。在实际操作中，要学习操作杠杆百分表、平口钳（虎口钳）、装夹工件、安装刀具、工量具的使用等；进一步熟悉数控铣床操作面板。

三、相关知识

以下采用寻边器对刀示例进行说明。

1. 机床准备

（1）机床开机→回零操作→安装刀具→装夹试切工件。

（2）按下【MDI】键，进入 MDI 模式，按下【PROG】键，进入 MDI 程序录入显示屏界面，按下【INSERT】键，输入"M03 S600"，按下【RESET】复位键把程序光标移动至程序的开头，按下【循环启动】键，主轴旋转，机床开始运行。

（3）按下复位【RESET】键，主轴停止转动。切换到手轮运行模式，主轴正转，按下位置【POS】键，按下显示屏幕下方的【综合】键，把各坐标都显示出来才能进行下一步操作。

2. X、Y 轴对刀

（1）手轮方式，移动寻边器至工件的左侧。

（2）改用微调，让测头慢慢接触到工件左侧，在相对坐标界面下，按下显示屏幕右边的【X】键，再按下【归零】键，使 X 坐标归零。

（3）手轮方式，寻边器离开工件，抬起寻边器至安全高度，移动寻边器至工件的右侧。

（4）改用微调，让测头慢慢接触到工件右侧，记下此时相对坐标系中的 X 坐标值（如 – 200.000）。

（5）调节手轮，使寻边器离开工件到适当的位置，抬起寻边器至工件上表面之上，移动寻边器走到 X 坐标值的中间值位置（如 $-200/2 = -100.000$ 的位置）。

（6）此时，按下显示屏幕右边的【OFFSET】键，再按下【坐标系】键，通过方向按键，使光标移动到 G54 的 X 坐标轴（一般使用 G54～G59 代码存储对刀参数），键入"X0"，按下显示屏幕的【测量】键。此时 X 轴对刀完毕。

（7）同理对 Y 轴对刀。

3. Z 方向对刀

（1）确认 X、Y 轴对好后，按下主轴停止按键，卸下寻边器，将刀具装上主轴。

（2）将 Z 轴辅助料块装在毛坯的旁边（已装有的可省这一步），在刀柄上附上磁性表座，通过手轮移动工作台和主轴，磁性表的指针在料块和毛坯表面滑动，直到指示到零位，测出 Z 轴辅助料块表面到工件表面的距离（如 50.000 mm），并且记录下来。

（3）按下主轴正转，手轮转动快速移动刀具，刀具底部靠近 Z 轴辅助测量料块上表面。

（4）改用微调，让刀具端面慢慢接触到 Z 轴辅助测量料块上表面，直到有少许切削为止（眼睛从水平方向观看，确保准确性），在显示屏幕右边按下【Z】键，接着在下方按下【归零】键。

（5）通过手轮，把 Z 轴往上提高到前面测出的 Z 轴辅助测量料块表面到工件表面的距离位置（如 50.000 mm）。

（6）按下显示屏幕右边的【OFFSET】键，再按下【坐标系】键，通过方向按键，使光标移动到 G54 的 Z 坐标轴，键入"Z0"，按显示屏幕下方的【测量】键，此时 Z 轴对刀完毕。

四、任务准备

设备、毛坯、刀具及工量具要求如表 2-18-1 所示。

表 2-18-1　设备、材料及工量具清单

序　号	名　称	规　格	数　量	备　注
设　备				
1	数控铣床（加工中心）	XK714D；配计算机、平口钳	1 台/2 人	
耗　材				
1	铝　块	铝，80 mm×80 mm×25 mm	1 块/人	
刀　具				
1	T01	ϕ10 mm 立铣刀，高速钢	1 把/机床	
量　具				
1	钢　尺	0～200 mm	1 把/机床	
2	游标卡尺	0～150 mm（分度 0.02 mm）	1 把/机床	
3	杠杆百分表	0～10 mm（分度 0.01 mm），配磁性表座、表杆	1 把/机床	

序 号	名 称	规 格	数 量	备 注
4	寻边器		1 把/机床	
5	分中棒	$\phi 10\ mm$	1 把/机床	
工 具				
1	毛 刷		1 把/机床	
2	扳 手		1 把/机床	
3	铜 棒		1 把/机床	
4	弹簧夹头	$\phi 1 \sim \phi 12\ mm$ 各一个	1 套/机床	
5	铣刀柄	BT40，配拉钉	1 套/机床	
6	垫 铁		4 块/机床	

五、任务实施

（一）对刀准备

（1）机床开机→回零操作→安装刀具→装夹试切工件，如图 2-18-1 所示。

（2）工件原点常设在工件上表面的中心，用四面分中的方法对刀建立工件坐标系，如图 2-18-2 所示。

图 2-18-1　机床准备

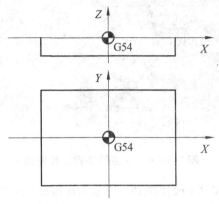

图 2-18-2　工件坐标系

（二）MDI 方式运行机床

（1）按下【MDI】键，进入 MDI 模式按 ▉ 键，进入如图 2-18-3 所示的机床界面，按【INSERT】键输入"M03 S600"，按【RESET】键把程序光标移动至程序的开头，按【循环启动】▉键，主轴旋转，机床开始运行。

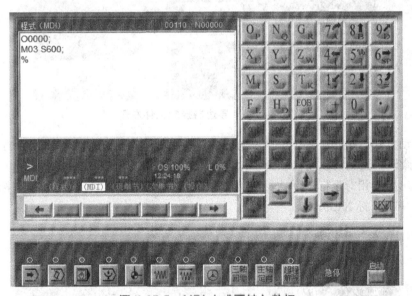

图 2-18-3　MDI 方式下键入数据

（2）按下复位【RESET】键，主轴停止转动。切换到手轮运行模式，按【主轴正转】▉键，按位置【POS】键，按显示屏幕下方的【综合】键，把各坐标都显示出来才能进行下一步操作。

（三）X、Y 轴对刀

（1）手轮方式，将寻边器移到工件的左侧，降下 Z 轴，如图 2-18-4 所示。

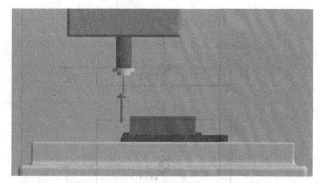

图 2-18-4　寻边器移到工件左侧

（2）手轮方式，并选择 X 轴。改用微调，让测头慢慢接触到工件左侧，如图 2-18-5 所示。

（3）屏显选择相对坐标界面，按下显示屏幕右边的【X】键，此时屏幕上 X 不停地闪烁，按【INPUT】键，输入"X0"，X 坐标归零，如图 2-18-5 所示。

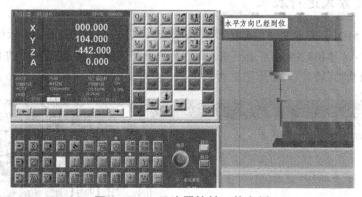

图 2-18-5　寻边器接触工件左侧

（4）手动方式，抬起 Z 轴，寻边器移至工件的右边，降下 Z 轴。选择手轮方式，并选择 X 轴。改用微调，让测头慢慢接触到工件右侧，如图 2-18-6 所示。

（5）显示屏上相对坐标显示 X310.004，如图 2-18-6 所示。将 X310.004 坐标值除以 2，得工件 X 轴中心坐标 X155.002。

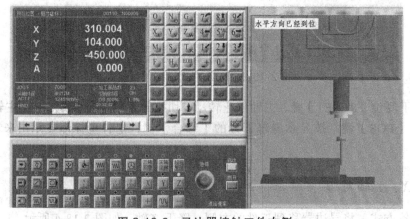

图 2-18-6　寻边器接触工件右侧

（6）抬起 Z 轴，选择 X 轴，将 X 定位至 X155.002，如图 2-18-7 所示。

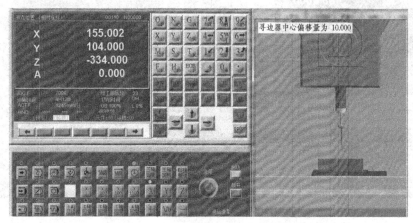

图 2-18-7　寻边器定位至 X 坐标轴零点

（7）MDI 方式下，按【OFFSET】键，按【坐标系】键，通过按屏幕右侧的上下方向键，使光标移动到 G54 的 X 坐标轴，键入"X0"，按显示屏幕下方的【测量】键，X 轴对刀完毕，如图 2-18-8 所示。

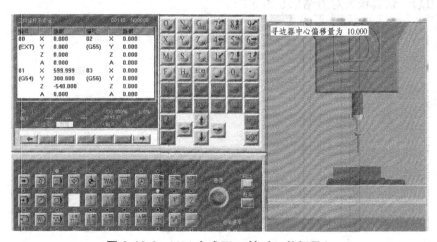

图 2-18-8　MDI 方式下 X 轴对刀数据录入

（8）以相同的方法，对 Y 轴对刀。

（四）Z 轴对刀

（1）抬起 Z 轴，拆下寻边器，装上 ϕ 10 mm 立铣刀。

（2）慢慢下刀至工件上表面，至有细小铁屑飞出，停止下降，如图 2-18-9 所示。

（3）MDI 方式下，按【OFFSET】键，按【坐标系】键，通过按屏幕右侧的上下方向键，使光标移动到 G54 的 Z 坐标轴，键入"Z0"，按显示屏幕下方的【测量】键，Z 轴对刀完成。

（4）抬起 Z 轴，主轴停止。

图 2-18-9 刀具接触工件上表面

六、任务小结

数控铣床对刀的过程较复杂，操作要细心、严谨。对刀训练要严格按照要求操作和录入数据。对刀后，认真检查对刀结果是否正确。

项目十　轮廓铣削加工

任务十九　轮廓刻画

一、任务导入

本任务通过编写一个简单零件（见图 2-19-1）的轮廓刻画程序，使学生熟悉数控铣床的坐标系特点，了解数控铣削的走刀特点，掌握数控铣床的编程规则及常用指令。

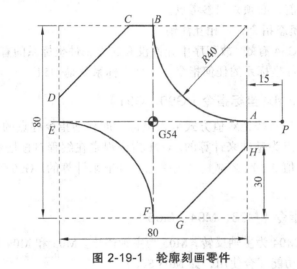

图 2-19-1　轮廓刻画零件

二、任务分析

依据零件轮廓，不采用刀具半径补偿功能编写其轮廓精加工程序，而是用 G00、G01、G02、G03 等指令。零件轮廓尺寸无精度要求。

本任务难点是 G02、G03 指令的 I、J、K 编程方法。

三、相关知识

（一）刀具选择

由于该零件切削量较少，因而对刀具无具体要求，可选择直径 $\phi 4 \sim \phi 10$ mm 的立铣刀或球刀。本任务选择 $\phi 6$ mm 的球刀。

（二）相关程序指令

1. 零点偏置指令（G54～G59）

零点偏置指令也称加工坐标系选择指令，FANUC 数控系统有 G54～G59 六个坐标系供编程人员使用，以建立工件坐标系。

编程格式：G54 等可单独作为一个程序段（如 G54；），或与其他 G 代码共用一个程序段（如 G54 G00 X10.0 Y20.0 Z15.0）。

编程说明：

（1）G54～G59 是系统预置的 6 个坐标系，可根据需要选用。

（2）G54～G59 建立的工件坐标系原点是相对于机床原点而言的，在程序运行前已设定好，在程序运行中是无法重置的。

（3）G54～G59 预置建立的工件坐标系原点在机床坐标系中的坐标值在对刀后通过机床的控制面板输入，系统自动记忆。

（4）一般推荐 G54 等单独作为一个程序段。

（5）使用该组指令前，必须先回参考点。

（6）G54～G59 为模态指令，可相互注销。

（7）系统开机默认 G54 有效，故程序中允许没有建立工件坐标系的有关指令。也就是说，如果程序中没有建立工件坐标系的任何指令，工件坐标系就是 G54。

2. 绝对坐标指令和相对坐标指令（G90、G91）

G90 指令规定在编程时按绝对值方式输入坐标，即移动指令终点的坐标值 X、Y、Z 都是以工件坐标系坐标原点为基准来计算的。G91 指令规定在编程时按增量值方式输入坐标，即移动指令终点的坐标值 X、Y、Z 都是以上一点为基准来计算的。G90 和 G91 是模态指令，可相互替代。

3. 主轴开停控制指令（M03、M04、M05）

M03 为主轴正转，M04 为主轴反转，M05 为主轴停止。M03 和 M04 只指定主轴的转向，须和指定主轴转速的 S 功能配合使用，如 M03 S600。

4. 刀具调用及换刀指令（T、M06）

FANUC 数控车床的 T 功能同时具备选刀和换刀功能，而铣床和加工中心的 T 功能只有选刀功能而无换刀功能。

加工中心中用 M06 指令自动换刀，如 T01 M06 表示将 01 号刀具换到主轴上。若某程序段中只有 T01 而没有 M06，执行此程序段时，刀库运行将 01 号刀具送到换刀位置，作好换刀准备，但此时并不实现主轴和刀库之间的刀具交换，只有在后续程序段中碰到 M06 时再换刀。

换刀前应将主轴停止（用 M05 指令），刀具自动返回参考点（用 G28 指令）。因为有的机床的 M06 兼有主轴停止和刀具自动返回参考点的功能，而有的机床的 M06 只有换刀功能。

数控铣床只能手动换刀，数控铣床的换刀处理有两种方式：

（1）M00 指令。换刀前将刀具运行到合适的换刀位置，用 M05 将主轴停止，然后用 M00

指令暂停（在程序里编入），换好刀后，按【循环启动】键（有的机床上叫【程序启动】键）使程序继续运行。

（2）按刀具划分。程序根据加工顺序，按照一把刀一个程序的原则划分程序。程序结束后由操作者手动换刀，然后再执行下一个程序。

5. 主轴转速单位指令（G96、G97）

G96 是恒线速度控制指令，主轴功能 S 的单位为 m/min；G97 是恒线速度控制取消指令，即恒转速控制，主轴功能 S 的单位为 r/min。数控铣床和加工中心开机默认为 G97 方式。

6. 进给速度单位指令（G94、G95）

G94 是每分钟进给指令，进给功能 F 的单位为 mm/min；G95 是每转进给指令，进给功能 F 的单位为 mm/r。数控铣床和加工中心开机默认为 G94 方式。

7. 切削液开关控制指令（M07、M08、M09）

M07 为 2 号切削液（雾状）开，M08 为 1 号切削液（液状）开，M09 为切削液关。加工时是否使用切削液与加工方法、工件材料、刀具材料、加工表面质量、刀具寿命等因素有关，如孔加工一般要使用切削液。

8. 平面选择指令（G17、G18、G19）

G17 选择 XY 平面为工作平面，G18 选择 ZX 平面为工作平面，G19 选择 YZ 平面为工作平面。系统开机默认为 G17 方式。平面选择指令是对工作平面的指定，指定在该平面上加工轮廓，对刀具半径补偿的平面、补偿的横进给方向、循环插补的平面等功能起作用。

9. 快速点定位指令（G00）

指令格式：G00 X___ Y___ Z___;

指令说明：X、Y、Z 是目标点坐标。

指令功能：刀具相对于工件从当前位置以系统设定的快移进给速度移动到程序段所指定的目标点。

注意：

（1）下刀时，先指令刀具在安全高度上进行 X、Y 轴定位，再指令 Z 轴运动；提刀时，先指令 Z 轴使刀具提起到安全高度，然后指令 X、Y 轴运动。

（2）不运动的坐标可以省略，省略的坐标轴不做任何运动。

（3）目标点的坐标值可以用绝对值，也可以用增量值。

（4）G00 功能起作用时，其移动速度为系统设定的最高速度。

（5）G00 为模态指令，可由 G01、G02、G03 等刀具运动指令注销，以后介绍的其他刀具运动指令如 G01、G02、G03 等均与此类似，不再重复说明。

（6）G00 一般用于加工前刀具快速接近工件或加工后刀具快速退刀。注意是接近工件而不是运动到工件，进刀时绝对不允许以 G00 的方式直接接触工件，否则容易损坏机床和刀具。

10. 直线插补指令 G01

指令格式：G01 X___ Y___ Z___ F___;

指令说明：X、Y、Z 是目标点坐标；F 是进给速度。

指令功能: 刀具相对于工件从当前位置以 F 指定的进给速度移动到程序段所指定的目标点,运动轨迹为直线。G01 为加工指令,刀具在工件表面上做直线切削运动。

11. 圆弧插补指令(G02、G03)

该指令控制刀具在指定的坐标平面内以 F 指定的进给速度从当前位置(圆弧起点)沿圆弧移动到目标点位置(圆弧终点)。G02 为顺时针圆弧插补指令,G03 为逆时针圆弧插补指令,圆弧插补指令必须指明是哪个平面上的圆弧。

(1)圆弧半径式。

指令格式:

G17 G02(或 G03) X___ Y___ R___ F___;

G18 G02(或 G03) X___ Y___ R___ F___;

G19 G02(或 G03) X___ Y___ R___ F___;

指令说明: X、Y、Z 是圆弧终点坐标值;R 是圆弧半径,有正负之分,圆弧圆心角不大于 180°时,R 取正值,否则取负值。

(2)圆心坐标式。

指令格式:

G17 G02(或 G03) X___ Y___ I___ J___ F___;

G18 G02(或 G03) X___ Z___ I___ K___ F___;

G19 G02(或 G03) Y___ Z___ J___ K___ F___;

指令说明: I、J、K 为圆心相对于圆弧起点的 X、Y、Z 坐标,为零时可省略。

I、J、K 的计算:$I = X_{圆心} - X_{起点}$;$J = Y_{圆心} - Y_{起点}$;$K = Z_{圆心} - Z_{起点}$。

注意:

① 在同一程序段中 I、J、K、R 同时指令时,R 优先,I、J、K 无效。

② 加工整圆不能用 R 格式,只能用圆心坐标格式。因为整圆的起点和终点重合,而已知弧上的一点和圆弧的半径还不够定义一个圆,满足这两个条件的圆有无穷多个。

(三)任务知识点难点解析

1. 如图 2-19-2 所示,圆弧起点 *A*、终点 *B*,使用 G02、G03 指令的 I、J、K 编程方式编程。

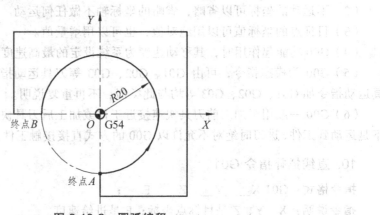

图 2-19-2 圆弧编程

214

绝对坐标方式：G90 G17 G03 X-20.0 Y0 I0 J20.0；

相对坐标方式：G91 G17 G03 X-20.0 Y20.0 I0 J20.0；

I、J、K 的数值和方向判定除了依据 "I = X$_{圆心}$ – X$_{起点}$；J = Y$_{圆心}$ – Y$_{起点}$；K = Z$_{圆心}$ – Z$_{起点}$" 公式计算获得外，还可以通过下面的方法获得：

从圆弧的起点 A 向圆弧的圆心 O 看，X 轴起点 A 与圆心 O 两点的 X 轴坐标相同，因此 I 填 "0"；Y 轴起点 A 向圆心 O 是 Y 轴的正方向，因此 J___ 的方向为正，起点 A 向圆心 O 的距离增量了 20，因此 J___ 应填 "20"。

四、任务准备

设备、毛坯、刀具及工量具要求如表 2-19-1 所示。

表 2-19-1　设备、材料及工量具清单

序　号	名　　称	规　　格	数　量	备　注
		设　备		
1	数控铣床（加工中心）	XK714D，配计算机、平口钳	1 台 / 2 人	
		耗　材		
1	铝　块	铝，80 mm×80 mm×20 mm	1 块 / 人	
		刀　具		
1	T01	ϕ6 mm 球刀，硬质合金	1 把 / 机床	
		量　具		
1	钢　尺	0～200 mm	1 把 / 机床	
2	游标卡尺	0～150 mm（分度 0.02 mm）	1 把 / 机床	
3	杠杆百分表	0～10 mm（分度 0.01 mm），配磁性表座、表杆	1 把 / 机床	
4	寻边器		1 把 / 机床	
5	分中棒	ϕ10 mm	1 把 / 机床	
		工　具		
1	毛　刷		1 把 / 机床	
2	扳　手		1 把 / 机床	
3	铜　棒		1 把 / 机床	
4	弹簧夹头	ϕ1～ϕ12 mm 各一个	1 套 / 机床	
5	铣刀柄	BT40，配拉钉	1 套 / 机床	

五、任务实施

（一）工艺分析

1. 工艺过程及要点

以工件底面为定位基准，用通用平口钳夹紧工件前后两侧面。

以工件上表面中心为工件坐标系原点，用 $\phi 6$ mm 球刀描工件的轮廓轨迹，深度 0.6 mm，走刀轨迹为：$P \to A \to B \to C \to D \to E \to F \to G \to H \to A$。

2. 工艺过程及参数设置（见表 2-19-2）

表 2-19-2　工艺过程及参数设置

序　号	工步内容	刀　具	切削用量			加工余量 /mm	备注
			n/(r/min)	F/(mm/min)	A_p/mm		
1	轮廓轨迹刻画	T01：$\phi 6$ mm 球刀	2000	600	0.6		

（二）程序编制及解析（见表 2-19-3）

表 2-19-3　程序编制及解析

加工程序	程序解析	备注
O0001；	程序号	
G90 G54；	初始状态设置	
M03 2000；	主轴正转，转速 2 000 r/min	
G00 Z100.0；		
G00 X55.0 Y0；	刀具定位至 P 点	
G01 Z10.0 F1000；	Z 轴进给方式降到安全平面	
G01 Z-0.6 F600；	Z 轴进给方式到切削深度	
X45.0 Y0；	A 点	
G02 X0 Y40 I0 J40；	B 点	
G01 X-10.0；	C 点	
X-40.0 Y10.0；	D 点	
Y0；	E 点	
G02 X0 Y-40.0 I0 J-20.0；	F 点	
G01 X10.0 Y-40.0；	G 点	
X40.0 Y-10.0；	H 点	
Y0；	A 点	
X55.0 Y0；	P 点	
G00 Z300.0；		
X300.0 Y300.0；	快速退刀	
M05；	主轴停止	
M30；	程序结束	

216

（三）检查考核（见表 2-19-4）

表 2-19-4　任务十九考核标准及评分表

姓名		班级			学号		总分	
序号	考核项目	考核内容			配分	评分标准	检验结果	得分
1	加工质量（60分）	线段	BC	形状	7分			
			DE	形状	7分			
			FG	形状	7分			
			HA	形状	7分			
			CD	形状	7分			
			GH	形状	7分			
		圆弧	AB	形状	7分			
			EF	形状	7分			
		深度	0.6	IT	4分			
2	工艺与编程（20分）	加工顺序、工装、切削参数等工艺合理（10分）						
		程序、工艺文件编写规范（10分）						
3	职业素养（10分）	着装	按规范着装			每违反一次扣5分，扣完为止		
		纪律	不迟到、不早退、不旷课、不打闹					
		工位整理	工位整洁，机床清理干净，日常维护					
4	文明生产（10分）	按安全文明生产有关规定，每违反一项从中扣5分，发生严重操作失误（如断刀、撞机等）每次从中扣5分，发生重大事故取消成绩。工件必须完整、无局部缺陷（夹伤等），否则扣5分						
指导教师							日期	

六、任务小结

本任务的主要目的是让学生了解数控铣削加工的走刀特点。在掌握 G00、G01、G02、G03 等指令的基础上，进一步加深对数控铣床坐标系统的理解。

任务二十　轮廓粗、精铣削加工

一、任务导入

与任务十九不同，本任务零件（见图 2-20-1）的外轮廓侧边余量较大，切不均匀或不能一刀切除，需要通过粗、精铣两道铣削加工。另外，零件轮廓深度方向也需要逐层向下铣削。

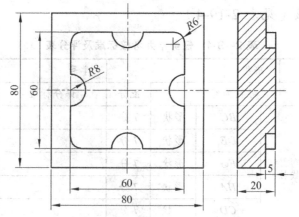

图 2-20-1　轮廓粗、精铣削零件图

二、任务分析

首先使用 $\phi16$ mm 面铣刀对毛坯上表面整平加工。零件的外轮廓粗加工采用由外向内，逐层向零件轮廓靠近，在零件轮廓表面留出 0.5 mm 的精加工余量。采用刀具半径补偿编程，通过修改半径补偿值，将预留的 0.5 mm 精加工余量切除。零件轮廓深度粗、精加工采用子程序调用功能编程，完成对零件轮廓深度的粗、精加工。

三、相关知识

（一）刀具半径补偿

1. 不同平面内的刀具半径补偿

刀具半径补偿用 G17、G18、G19 指令在被选择的工作平面内进行补偿。如当 G17 指令执行后，刀具半径补偿仅影响 X、Y 轴的移动，而对 Z 轴不起补偿作用。

2. 刀具半径左补偿指令 G41 与刀具半径右补偿指令 G42

由于立铣刀可以在垂直刀具轴线的任意方向做进给运动，因此铣削方式可分为两种，即沿着刀具进给方向看，刀具在加工工件轮廓的左边叫作左刀补，用 G41 指令；刀具在加工工件轮廓的右边叫作右刀补，用 G42 指令。如图 2-20-2 所示，图（a）、（b）为外轮廓加工，图（c）、（d）为内轮廓加工。无论是内轮廓加工还是外轮廓加工，一般顺铣用左刀补指令 G41，逆铣用右刀补指令 G42。

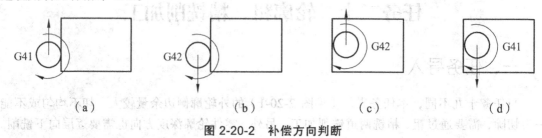

（a）　　　　　　（b）　　　　　　（c）　　　　　　（d）

图 2-20-2　补偿方向判断

利用球头铣刀进行行切时，需要判别左右刀补。在其他平面内的判别方法与在 *XY* 平面内的判别方法是一样的。

G40 为取消刀具半径补偿指令，它和 G41、G42 为同一组指令。调用和取消刀具补偿指令是在刀具的移动过程中完成的。

3. 使用刀具半径补偿的注意事项

（1）使用刀具半径补偿时应避免过切削现象。这又包括以下 3 种情况：

① 使用刀具半径补偿和取消刀具半径补偿时，刀具必须在所补偿的平面内移动，移动距离应大于刀具补偿值。

② 加工半径小于刀具半径的内圆弧时，进行半径补偿将产生过切削，只有过渡圆角 $R \geqslant$ 刀具半径 $r +$ 精加工余量的情况下才能正常切削。

③ 被铣削槽底宽小于刀具直径时将产生过切削。

（2）G41、G42、G40 须在 G00 或 G01 模式下使用，现在有一些系统也可以在 G02、G03 模式下使用。

（3）D00～D99 为刀具补偿号，D00 意味着取消刀具补偿。刀具补偿值在加工或试运行之前须设定在刀具半径补偿存储器中。

4. 刀具半径补偿的作用

刀具半径补偿除了方便编程外，还可以通过改变刀具半径补偿大小的方法，利用同一程序实现粗、精加工。其中：

粗加工刀具半径补偿 = 刀具半径 + 精加工余量；

精加工刀具半径补偿 = 刀具半径 + 修正量。

利用刀具半径补偿并用同一把刀具进行粗、精加工时，刀具半径补偿原理如图 2-20-3 所示。

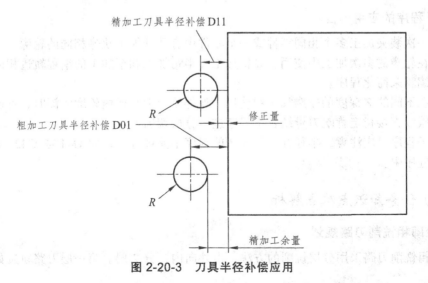

图 2-20-3 刀具半径补偿应用

（二）子程序

主程序：一个完整的零件加工程序，或是零件加工程序的主体部分。

子程序：重复的一组程序段组成的固定程序，并单独加以命名，这组程序段就称为子程序。子程序段缺乏"T"、"S"、"F"等指令，不能独立使用，只能由主程序调用。

子程序与主程序形式上的区别是结束标记不同，主程序以"M02"或"M30"指令结束；子程序则以"M99"指令结束。

主程序使用"M98"指令调用子程序。

"M99"指令表示子程序结束，执行"M99"指令使控制返回到主程序。

在子程序开头，必须规定子程序号，以作为调用入口地址。在子程序的结尾使用"M99"指令，以控制该子程序执行后返回主程序。

1. 子程序格式

O0001；

…

M99；

2. 调用子程序的格式

M98 P___ L___；

指令说明：P___表示被调用的子程序号；L___表示重复调用次数。

3. 子程序的特殊用法

（1）返回到主程序中的某一程序段。

子程序 M99 Pn；

例：M99 P100；返回到 N100 程序段。

（2）自动返回到程序头。

主程序 M99；返回主程序开头并继续执行程序。

主程序 M99 Pn；返回指定的程序段。

4. 子程序的应用场合

（1）一次装夹加工多个相同零件或一个零件中有几处加工轨迹相同的轮廓。

（2）在轮廓的多次加工中使用，如粗加工、半精加工和精加工的编程轨迹相同时，可采用子程序编程来简化程序。

（3）在不同的 Z 深度的轮廓加工中使用，如外轮廓太高或内轮廓太深时，可通过改变刀具长度补偿或直接指定背吃刀量结合子程序进行分层切削。

使用子程序时应注意，半径补偿模式中的程序不能被分支，即 G41 或 G42 与 G40 要在同一个子程序中。

（三）任务知识点难点解析

1. 轮廓粗铣削刀路规划

轮廓粗铣削刀路采用分层铣削的方法，由外向内，分 2 层。第一层刀路轨迹如图 2-20-4

所示；第二层刀路轨迹沿着轮廓轨迹走刀即可，通过调整刀具半径补偿值，轮廓表面留出单边 0.3 mm 的精加工余量。

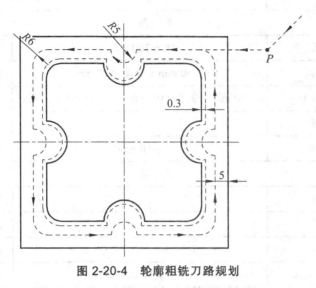

图 2-20-4　轮廓粗铣刀路规划

2. 轮廓深度粗加工铣削

轮廓深度粗加工铣削采用子程序调用的方法，深度方向每次吃刀深度为 0.6 mm，轮廓总深度为 5 mm，留出 0.2 mm 的精加工余量，因此子程序需调用的次数为(5 − 0.2)/0.6 = 8 次。

3. 外轮廓及轮廓底部精铣

外轮廓精铣，采用修改刀具半径补偿值，实现轮廓精加工。轮廓底部精铣可通过再调用一次子程序，也可通过修改刀具长度补偿值实现。

四、任务准备

设备、毛坯、刀具及工量具要求如表 2-20-1 所示。

表 2-20-1　设备、材料及工量具清单

序　号	名　称	规　格	数　量	备　注
设　备				
1	数控铣床（加工中心）	XK714D，配计算机、平口钳	1 台 / 2 人	
耗　材				
1	钢　板	45 钢，80 mm×80 mm×20 mm	1 块/人	
刀　具				
1	T01	ϕ 16 mm 面铣刀，硬质合金	1 把/机床	
2	T02	ϕ 12 mm 平刀，硬质合金	1 把/机床	

221

序 号	名 称	规 格	数 量	备 注
		量 具		
1	钢 尺	0～200 mm	1把/机床	
2	游标卡尺	0～150 mm（分度 0.02 mm）	1把/机床	
3	杠杆百分表	0～10 mm（分度 0.01 mm），配磁性表座、表杆	1把/机床	
4	寻边器		1把/机床	
5	分中棒	ϕ10 mm	1把/机床	
		工 具		
1	毛 刷		1把/机床	
2	扳 手		1把/机床	
3	铜 棒		1把/机床	
4	强力弹簧夹头	夹持ϕ16 mm 铣刀	1套/机床	
5	弹簧夹头	ϕ1～ϕ12 mm 各一个	1套/机床	
6	铣刀柄	BT40，配拉钉	1套/机床	

五、任务实施

（一）工艺分析

1. 工艺过程及要点

以工件底面为定位基准，用通用平口钳夹紧工件前后两侧面。以工件上表面中心为工件坐标系原点。加工路线安排如下：

（1）ϕ16 mm 面铣刀光工件上表面。

（2）ϕ12 mm 平刀粗铣工件轮廓、深度。

（3）ϕ12 mm 平刀精铣工件轮廓、深度。

2. 工艺过程及参数设置（见表 2-20-2）

表 2-20-2 工艺过程及参数设置

序号	工步内容	刀 具	切削用量			加工余量 /mm	备注
			n/(r/min)	F/(mm/min)	A_p/mm		
1	工件上表面光整	T01：ϕ16 mm 面铣刀	2 000	800	0.5		
2	工件轮廓、深度粗铣	T02：ϕ12 mm 平刀	2 000	1 500	0.6	0.3	
3	工件轮廓、深度精铣	T02：ϕ12 mm 平刀	2 500	1 000			

（二）程序编制及解析（见表 2-20-3）

表 2-20-3　程序编制及解析

加工程序	程序解析	备注
O0001;	主程序	
G90 G54 G40 G49 G21;	初始状态设置	
N1;	工件上表面整平，可采用手工编程行切的方法，也可通过手动进刀铣削	
N2;	轮廓粗、精铣削主程序	
M03 2000;	主轴正转，转速 2 000 r/min	
M08;		
G00 Z100.0;		
G00 X55.0 Y30.0;	刀具定位至 P 点	
G00 Z10.0;	Z 轴进给方式降到安全平面	
G01 Z0 F1500;	Z 轴进刀至工件上表面	
M98 P01000008;	调用子程序 O0010；调用次数 8 次，轮廓深度粗铣削加工	
M98 P01000001;	调用子程序 O0010；调用次数 1 次，轮廓、深度精铣削加工	
G00 Z300;	提刀	
G28;	返回参考点	
M05 M09;	主轴停止、切削液关	
M30;	程序结束	
O0010;	子程序	
G91 G01 Z-0.6;	Z 轴增量编程，配合子程序的循环调用	
G90 G01 G42 X5.0 Y35.0 D01;	刀具半径补偿建立	
G02 X-5.0 Y35.0 I-5.0 J0;	轮廓第一层铣削	
G01 X-29.0 Y35.0;		
G03 X-35.0 Y29.0 I0 J-6.0;		
G01 X-35.0 Y5.0;		
G02 X-35.0 Y-5.0 I0 J-5.0;		
G01 X-35.0 Y-29.0;		
G03 X-29.0 Y-35.0 I-6.0 J0;		

加工程序	程序解析	备注
G01 X-5.0 Y-35.0;		
G02 X5.0 Y35.0 I5.0 J0;		
G01 X29.0 Y-35.0;		
G03 X35.0 Y-29.0 I0 J6.0;		
G01 X35.0 Y-5.0;		
G02 X35.0 Y5.0 I0 J5.0;		
G01 X35.0 Y29.0;		
G03 X29.0 Y35.0 I-5.0 J0;		
G01 X24.0 Y30.0;	轮廓第二层铣削	
G01 X8.0;		
G02 X-8.0 Y30.0 I-8.0 J0;		
G01 X-24.0;		
G03 X-30.0 Y24.0 I0 J-6.0;		
G01 Y8.0;		
G02 X-30.0 Y-8.0 I0 J-8.0;		
G01 Y-24.0;		
G03 X-24.0 Y-30.0 I-6.0 J0;		
G01 X-8.0;		
G02 X8.0 Y-30.0 I8.0 J0;		
G01 X24.0;		
G03 X30.0 Y-24.0 I0 J6.0;		
G01 Y-8.0;		
G02 X30.0 Y8.0 I0 J8.0;		
G01 Y24.0;		
G03 X24.0 Y30.0 I-6.0 J0;		
G40 G01 X24.0 Y55.0;	刀具切出工件，半径补偿取消	
M99;	子程序结束	

（三）检查考核（见表 2-20-4）

表 2-20-4　任务二十考核标准及评分表

姓名		班级		学号		总分	
序号	考核项目	考核内容			配分	评分标准	检验结果	得分
1	加工质量 （60分）	长度	60（长）	IT	10分			
			60（宽）	IT	10分			
		轮廓面	工件上表面	Ra	10分			
			外轮廓面	Ra	10分			
			轮廓底面	Ra	10分			
		高度	5	IT	10分			
2	工艺与编程 （20分）	加工顺序、工装、切削参数等工艺合理（10分）						
		程序、工艺文件编写规范（10分）						
3	职业素养 （10分）	着装	按规范着装		每违反 一次扣 5 分，扣完 为止			
		纪律	不迟到、不早退、不旷课、不打闹					
		工位整理	工位整洁，机床清理干净，日常维护					
4	文明生产 （10分）	按安全文明生产有关规定，每违反一项从中扣 5 分，发生严重操作失误（如断刀、撞机等）每次从中扣 5 分，发生重大事故取消成绩。工件必须完整、无局部缺陷（夹伤等），否则扣 5 分						
指导教师							日期	

六、任务小结

通过本任务掌握刀具半径补偿的概念及指令格式；学习使用刀具半径补偿进行轮廓的粗、精铣削加工；理解子程序实现循环调用的技巧，通过子程序循环调用实现轮廓深度粗、精铣削加工。

任务二十一　槽铣削加工

一、任务导入

任务二十介绍了外轮廓铣削加工，本任务为内轮廓铣削加工（见图 2-21-1）。学习方形槽、圆弧槽特征内轮廓铣削的刀具选择和走刀路线设计，以及利用长度补偿功能实现槽深度粗、精铣削加工。

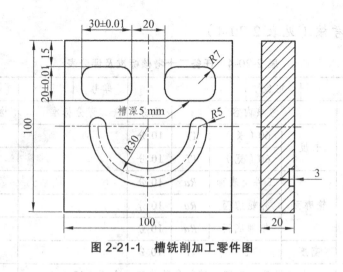

图 2-21-1　槽铣削加工零件图

二、任务分析

本任务零件有两个方形槽，轮廓精度为 IT7 级。选用一把 ϕ10 mm 的键槽铣刀加工，粗加工采用行切法，快速去除毛坯余量；半精、精加工采用环切法控制轮廓精度。槽轮廓粗、精加工通过刀具半径补偿实现，槽深度粗、精加工通过刀具长度补偿实现。圆弧槽选用 ϕ8 mm 键槽铣刀环切一周加工，刀路设计参照方形槽。

内轮廓精加工需采用圆弧切入、切出的走刀方法。

三、相关知识

（一）型腔槽类零件的加工方法

1. 圆形腔的加工

圆形腔的加工一般从圆心开始，可先预钻一孔，以便进刀。挖圆形腔时，刀具快速定位到孔上方，采用螺旋下刀切入，按圆弧进给，直至达到孔的尺寸要求。加工完一层后，刀具快速回到孔心，再轴向进刀，加工下一层，直至到达孔底尺寸，最后快速退刀，离开孔腔。

2. 方形槽的加工

方形槽的加工与圆形腔的加工相似，但走刀路线有如下几种（见图 2-21-2）：

（1）图 2-21-2（a）为从角边起刀，按"Z"字形排刀。这种进给方式编程简单，但行间在两端有残留。

（2）图 2-21-2（b）为从中心起刀，按逐圈扩大的路线进给，因每圈需变换终点位置尺寸，故编程复杂，但腔中无残留。

（3）图 2-21-2（c）所示的进给方式，结合了前两种进给方式的优点，先以"Z"字形安排进给路线，最后沿型腔四周进给，切除残留。

编程时，刀具先在初始平面快速定位到 S 点，然后轴向快速定位到 R 点，从 R 点切削进

226

给至第一层深度，按上述 3 种进给方式之一进行一层加工。切完一层后，刀具回至 R 点，再轴向进刀，切除第二层，直到腔底，切完后，刀具快速离开方型腔。

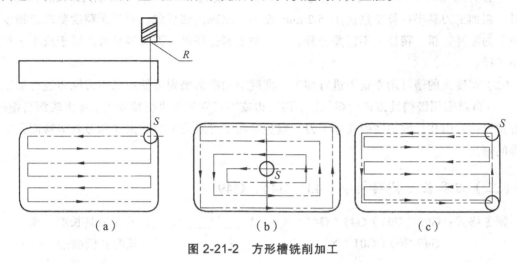

图 2-21-2　方形槽铣削加工

3. 开口腔（槽）的加工

对于开口腔（槽）的铣削，由于是通槽，故可采用行切法来回铣削，换向在工件外部完成。

4. 带岛屿的型腔加工

带岛屿的型腔加工，不但要照顾到轮廓，还要保证岛屿不被过切。为简化编程，可先将型腔的外形按内轮廓进行加工，再将岛屿按外轮廓进行加工，使剩余部分远离内轮廓及岛屿，再按无界平面进行挖腔加工。

5. 切削间距参数的设定

切削间距是指相邻两行刀具中心之间的距离。根据经验，切削间距通常为（0.8～0.9）D，D 为刀具直径。

6. 下刀位置的设计

不管是外形铣削还是挖槽，下刀点位置应尽量设在工件外空料处或要加工的废料部位。如果下刀点位于空料位置，可直接用 G00 下刀；若在工件表面下刀，最好用键槽刀；若一次切深较多，宜先钻引孔，然后用立铣刀或键槽刀从引孔处下刀。精修槽形边界时，也应和外形轮廓铣削一样考虑引入和引出问题，尽可能采用切向引入、引出，并且使用刀具半径补偿来确保尺寸精度。为了保证槽底的质量，测量后应对槽底作小余量的精修加工。一处槽形加工完成，进行另一处槽形加工前，必须先用 G00 指令进行提刀操作，提到坯料表面安全处，再移动至下一个下刀点处，移动过程中应避免出现干涉。

（二）型腔槽类零件加工刀具的选择

根据槽的不同形状特征和加工要求，可选择不同尺寸、形状的刀具及不同的切削用量。槽可分为一般型腔槽和特形槽（如 T 形槽、V 形槽和燕尾槽等）。一般型腔槽刀具的选择应注意以下几点：

（1）对于精度要求较高的零件，刀具半径须小于加工圆角半径，以便预留精加工余量。例如，加工 $R6$ mm 的圆角，需考虑预留单边 0.2 mm 的精加工余量，应选用 $R5$ mm 及其以下刀具，粗加工刀具半径补偿量选用 5.2 mm 而不会出现过切现象。对于无精度要求或精度要求较低的零件，粗、精加工不需要分开，一次加工到位即可，刀具半径可以等于或小于加工圆角半径。

（2）宽度大的槽可用立铣刀进行加工，宽度窄而深的槽则可使用三面刃铣刀进行加工。

（3）盲槽需用键槽铣刀进行粗加工，用三刃或四刃立铣刀进行精加工。加工较深盲槽时，最好预先钻好引孔，铣刀在引孔处下刀，避免轴向下刀阻力引起的振动和刀具滑移而无法定心等问题。

（三）刀具长度补偿指令 G43、G44、G49

指令格式：G00（G01）G43（G44）X___ Y___ Z___ H___；建立刀具长度补偿

　　　　　G49 G00（G01）X___ Y___ Z___；　　　　　　　长度补偿撤销

1. G43 指令表示刀具长度正向补偿

即将 Z 坐标尺寸与 H 代码中长度补偿的量相加，按其结果进行 Z 轴运动，如图 2-21-3（a）所示。

例如，G43 G01 Z-100.0 H02 F100；（H02 值为"60"）

刀具实际的移动量为 – 100 + 60，即 – 40，刀具向下移动"40 mm"。

2. G44 指令表示刀具长度负向补偿

即将 Z 坐标尺寸与 H 代码中长度补偿的量相减，按其结果进行 Z 轴运动，如图 2-21-3（b）所示。

例如，G44 G01 Z-100.0 H03 F100；（H03 值为"60"）

刀具的实际移动量为 – 100 – 60，即 – 160，刀具向下移动"160 mm"。

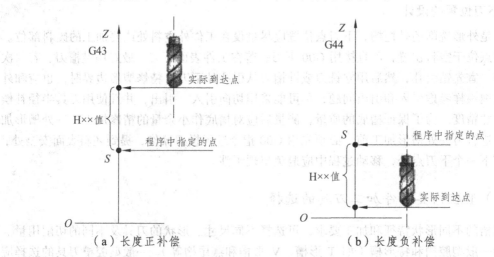

（a）长度正补偿　　　　　　　　　　（b）长度负补偿

图 2-21-3　刀具长度补偿

3. 指令格式说明

（1）指令功能：编程时实际使用的刀具与假定的理想刀具（即基准刀）长度之差作为偏置设定在偏置存储器 H01~H99 中。在实际使用的刀具选定后，将其与基准刀长度的差值事先在偏置存储器中设定好，就可以实现用实际选定的刀具进行正确的加工，而不必对加工程序进行修改，这组指令默认值是 G49。

多把刀具并不需要一一对刀，只需在图 2-21-4 所示的位置输入相应的数值，供刀具长度补偿指令 G43、G44 调用即可。

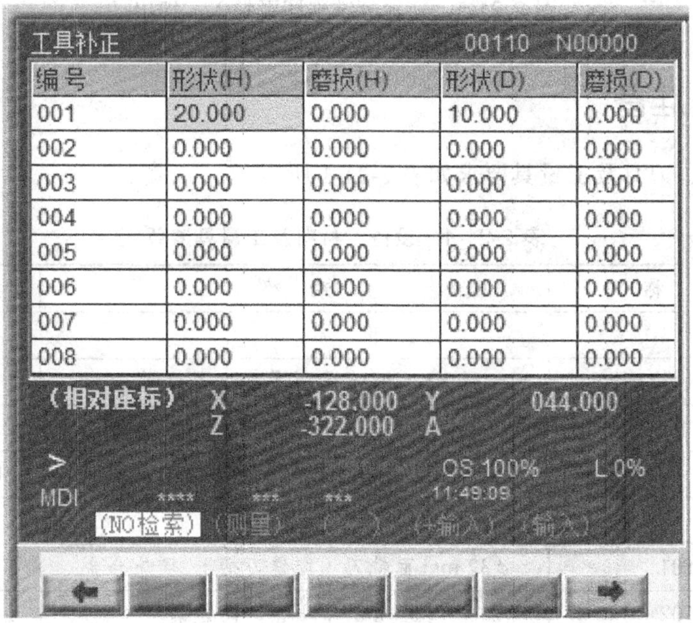

工具补正			00110	N00000
编 号	形状（H）	磨损（H）	形状（D）	磨损（D）
001	20.000	0.000	10.000	0.000
002	0.000	0.000	0.000	0.000
003	0.000	0.000	0.000	0.000
004	0.000	0.000	0.000	0.000
005	0.000	0.000	0.000	0.000
006	0.000	0.000	0.000	0.000
007	0.000	0.000	0.000	0.000
008	0.000	0.000	0.000	0.000

（相对座标）　X　　-128.000　Y　　　044.000
　　　　　　　Z　　-322.000　A

>
MDI　　****　　***　　***　　　11:49:09　　OS 100%　　L 0%

（NO检索）（测量）　　　（+输入）（输入）

图 2-21-4　刀具长度补偿录入界面

基准刀（即对刀时用的刀）的长度补偿是 0，其他刀具的长度补偿值为该刀具长度减去基准刀的长度。如 01 号刀（设其为基准刀）的长度为 100 mm，02 号刀的长度为 140 mm，03 号刀的长度为 80 mm，则在图 2-21-4 中 001 的形状（H）里输入"0"，在 002 里输入"40"，在 003 里输入"-20"。当然，01 号刀也可调用其他刀具的补偿值。如 G00 G43 Z10.0 H01 表示调用 01 号刀补值"0"，G00 G43 Z10.0 H02 表示调用 02 号刀补值"40"。

（2）由于 G43 的负值等同于 G44 的正值，故一般不用 G44。

（3）如果只有一把刀，也可以通过对刀具设定不同的长度补偿值来对较高的凸台或较深的内轮廓进行分层铣削。当然，分层铣削也可用子程序或宏程序来实现。

（四）任务知识点难点解析

1. 圆弧进退刀槽内壁铣削精加工

内轮廓铣削，刀具直接从轮廓外法向进退刀将留下接刀痕。正确的方法是使用圆弧进刀、圆弧退刀的方式切入、切出工件，如图 2-21-5 所示。

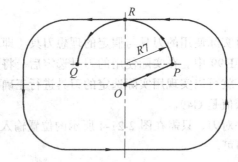

图 2-21-5　内轮廓铣削圆弧切入、切出

四、任务准备

设备、毛坯、刀具及工量具要求如表 2-21-1 所示。

表 2-21-1　设备、材料及工量具清单

序号	名　称	规　格	数　量	备　注
设 备				
1	数控铣床（加工中心）	XK714D，配计算机、平口钳	1 台 / 2 人	
耗 材				
1	钢　板	45 钢，100 mm×100 mm×20 mm	1 块 / 人	
刀 具				
1	T01	ϕ32 mm 面铣刀（配铣刀柄），硬质合金	1 把 / 机床	
2	T02	ϕ4 mm 中心钻，高速钢	1 把 / 机床	
3	T03	ϕ10 mm 键槽铣刀，硬质合金	1 把 / 机床	
4	T04	ϕ8 mm 键槽铣刀，硬质合金	1 把 / 机床	
量 具				
1	钢　尺	0～200 mm	1 把 / 机床	
2	游标卡尺	0～150 mm（分度 0.02 mm）	1 把 / 机床	
3	杠杆百分表	0～10 mm（分度 0.01 mm），配磁性表座、表杆	1 把 / 机床	
4	寻边器		1 把 / 机床	
5	分中棒	ϕ10 mm	1 把 / 机床	
工 具				
1	毛　刷		1 把 / 机床	
2	扳　手		1 把 / 机床	
3	铜　棒		1 把 / 机床	
4	弹簧夹头	ϕ1～ϕ12 mm 各一个	1 套 / 机床	
5	铣刀柄	BT40，配拉钉	1 套 / 机床	

五、任务实施

（一）工艺分析

1. 工艺过程及要点

以工件底面为定位基准，用通用平口钳夹紧工件前后两侧面。以工件上表面中心为工件坐标系原点。加工路线安排如下：

（1）$\phi 32$ mm 面铣刀光工件上表面。

（2）中心钻点工艺孔。

（3）$\phi 10$ mm 键槽铣刀粗铣两方形槽。

（4）$\phi 10$ mm 键槽铣刀精铣两方形槽。

（5）$\phi 8$ mm 键槽铣刀粗铣圆弧槽。

（6）$\phi 8$ mm 键槽铣刀精铣圆弧槽。

2. 工艺过程及参数设置（见表 2-21-2）

表 2-21-2　工艺过程及参数设置

序号	工步内容	刀　具	切削用量			加工余量 /mm	备注
			n/(r/min)	F/(mm/min)	A_p/mm		
1	工件上表面光整	T01：$\phi 32$ mm 面铣刀	2 000	800	0.5		
2	中心钻点孔	T02：中心钻	2 000				
3	粗铣两方形槽	T03：$\phi 10$ mm 键槽铣刀	2 000	1 500	0.6	0.3	
4	精铣两方形槽	T03：$\phi 10$ mm 键槽铣刀	2 500	1 000			
5	粗铣圆弧槽	T04：$\phi 8$ mm 键槽铣刀	2 000	1 500	0.6	0.3	
6	精铣圆弧槽	T04：$\phi 8$ mm 键槽铣刀	2 500	1 000			

（二）程序编制及解析（见表 2-21-3）

表 2-21-3　程序编制及解析

加工程序	程序解析	备注
O0001；	主程序	
G90 G54 G40 G49 G21；	初始状态设置	
N1；	工件上表面整平，可采用手工编程行切的方法，也可通过手动进刀铣削	
N2；	中心钻点孔	
N3；		
M03 2000；	主轴正转，转速 2 000 r/min	
M08；		

231

加工程序	程序解析	备注
T03；		
G43 G00 Z100.0 H01；		
G00 X25.0 Y25.0；	刀具定位至 O 点	
G00 Z10.0；	Z 轴进给方式降到安全平面	
G01 Z0 F1500；	Z 轴进刀至工件上表面	
M98 P01000008；	调用子程序 O0010；调用次数 8 次，轮廓深度粗铣削加工	
M98 P01000001；	调用子程序 O0010；调用次数 1 次，轮廓、深度精铣削加工	
G00 Z300；	提刀	
G28；	返回参考点	
M05 M09；	主轴停止、切削液关	
M30；	程序结束	
O0010；	子程序，铣削右侧方形槽	
G91 G01 Z-0.6；	Z 轴增量编程，配合子程序的循环调用	
G90 G01 G41 X32.0 Y28.0 D01；	（O→P）刀具半径补偿建立	
G03 X25.0 Y35.0 I-7.0 J0；	（P→R）圆弧切入	
G01 X17.0 Y35.0；	槽铣削环切开始程序段	
G03 X10.0 Y28.0 I0 J-7.0；		
G01 X10.0 Y22.0；		
G03 X17.0 Y15.0 I7.0 J0；		
G01 X33.0；		
G03 X40.0 Y22.0 I0 J7.0；		
G01 Y28.0；		
G03 X33 Y35.0 I-7.0 J0；		
G01 X17.0；	槽铣削环切结束程序段	
G03 X18.0 Y28.0 I0 J-7.0；	圆弧切出	
G01 X15.0 Y25.0；		
G01 X35.0 Y25.0；		
M99；	子程序结束	

（三）检查考核（见表 2-21-4）

表 2-21-4　任务二十一考核标准及评分表

姓名		班级			学号		总分	
序号	考核项目	考核内容			配分	评分标准	检验结果	得分
1	加工质量（60分）	长度	20±0.01	IT	8分	超差 0.01 扣 2 分		
			30±0.01	IT	8分	超差 0.01 扣 2 分		
			15	IT	4分	超差 0.01 扣 2 分		
			20	IT	4分	超差 0.01 扣 2 分		
		圆弧	R5	IT	4分	超差 0.01 扣 2 分	.	
			R30	IT	4分	超差 0.01 扣 2 分		
		轮廓面	工件上表面	Ra	3分	超差 0.01 扣 2 分		
			方形槽 1	Ra	6分	超差 0.01 扣 2 分		
			方形槽 2	Ra	6分	超差 0.01 扣 2 分		
			圆弧槽	Ra	6分	超差 0.01 扣 2 分		
		深度	3	IT	3分	超差 0.01 扣 2 分		
			5（2 处）	IT	4分	超差 0.01 扣 2 分		
2	工艺与编程（20分）	加工顺序、工装、切削参数等工艺合理（10分）						
		程序、工艺文件编写规范（10分）						
3	职业素养（10分）	着装	按规范着装			每违反一次扣 5 分，扣完为止		
		纪律	不迟到、不早退、不旷课、不打闹					
		工位整理	工位整洁，机床清理干净，日常维护					
4	文明生产（10分）	按安全文明生产有关规定，每违反一项从中扣 5 分，发生严重操作失误（如断刀、撞机等）每次从中扣 5 分，发生重大事故取消成绩。工件必须完整、无局部缺陷（夹伤等），否则扣 5 分						
指导教师							日期	

六、任务小结

槽内壁铣削加工要求刀具要以圆弧进刀、圆弧退刀的方式切入、切出工件，以免在槽内壁留下接刀痕。另外，学生要熟悉如何通过修改刀具的长度补偿量，实现槽深度粗、精铣削加工。

项目十强化训练题

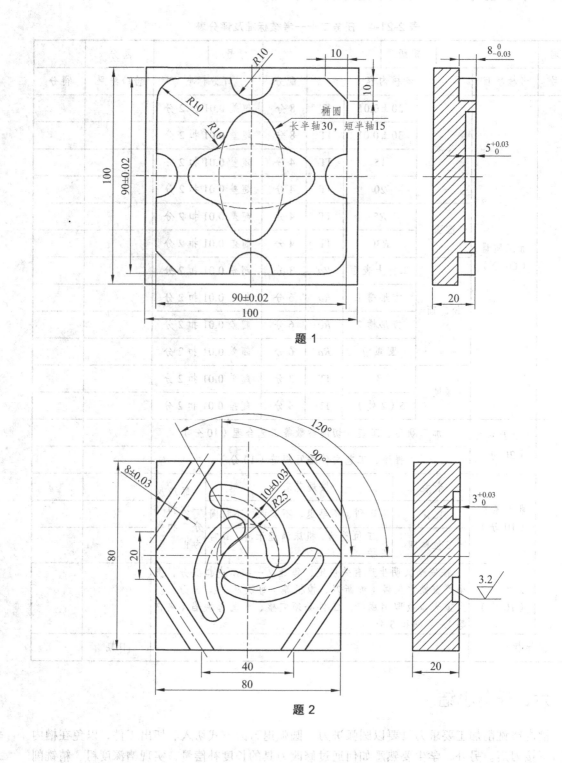

题 1

题 2

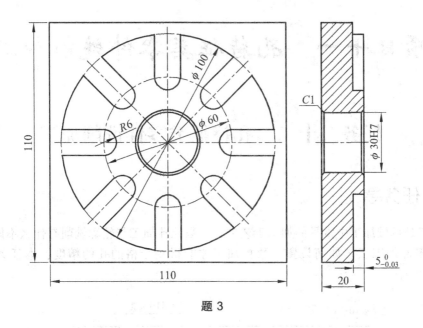

题 3

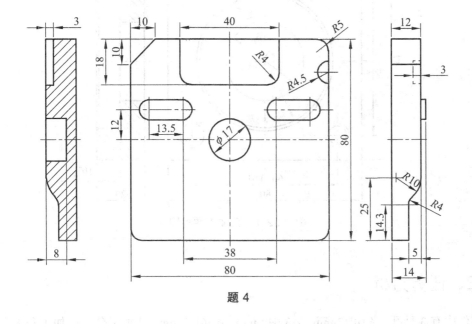

题 4

项目十一　孔特征类零件铣削加工

任务二十二　孔特征类零件铣削加工

一、任务导入

孔加工是机械加工中常见的加工工艺之一，数控孔加工与轮廓铣削有什么不同？孔、螺纹孔特征零件加工工艺如何设置，数控加工才能得到合格的孔的精度？本任务零件如图2-22-1所示。

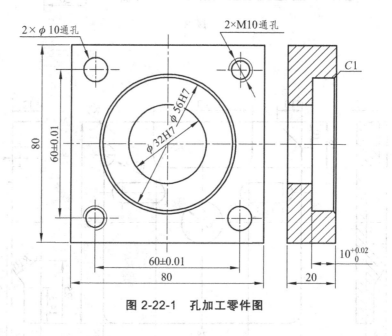

图 2-22-1　孔加工零件图

二、任务分析

零件中有 3 种孔：$\phi 10H7$ mm、$\phi 32H7$ mm、$\phi 56H7$ mm。孔加工分小孔加工和大孔加工，小孔的加工工艺一般为：钻、扩、铰及攻螺纹等工序，如有孔口倒角，可将其安排在铰孔或攻螺纹之前进行；大孔的加工工艺一般为：钻孔、扩孔、粗镗（或粗铣）、精镗（或精铣）。

任务中孔 $\phi 10$ mm 应按小孔的工艺加工，加工顺序为：钻中心孔→钻孔→扩孔→铰孔；螺纹孔 M10 加工顺序为：钻中心孔→钻螺纹底孔→孔口倒角→丝锥攻螺纹。任务中 $\phi 32$ mm、$\phi 56$ mm 按大孔的工艺加工，加工顺序为：钻中心孔→钻孔→扩孔→精铣（或精镗）。

三、相关知识

（一）孔加工工艺

孔加工的特点是刀具在 XY 平面内定位到孔的中心，然后刀具在 Z 方向做一定的切削运动，孔的直径由刀具的直径来决定。根据实际选用刀具和编程指令的不同，可以实现钻孔、铰孔、镗孔、攻螺纹等形式的孔加工。设计孔加工工艺时，要注意以下问题：

（1）一般来说，直径较小的孔（一般指直径不大于 $\phi 25$ mm 的孔）可以用钻头钻。小孔的精加工工艺一般为：钻→扩→铰，如有孔口倒角，可将其安排在铰孔之前进行。

（2）直径较大的孔（一般指直径大于 $\phi 30$ mm 的孔）的加工分为有底孔加工和无底孔加工两种情况：若为无底孔则必须先钻孔再扩孔，或用镗刀进行镗孔，也可以用铣刀按轮廓加工的方法铣出相应的孔；如有铸造或锻造底孔，则可直接进行镗孔或铣孔。

大孔的精加工工艺一般为：粗镗（或粗铣）→精镗（或精铣），根据实际情况可在粗、精加工之间加入半精加工，如果精镗后精度或表面质量还不能达到要求，可再安排磨削加工。

（3）如果孔的位置精度要求较高，可以先用中心钻或定心钻钻出孔的中心位置。刀具在 Z 方向的切削运动可以用直线插补指令 G01 来实现，但一般都使用孔加工固定循环指令来实现。

（4）M6～M20 的螺纹孔，通常采用攻螺纹的方法加工，攻螺纹前钻孔用麻花钻，直径≈螺纹公称直径－螺距。

（5）因为加工中心上攻小直径螺纹时丝锥容易折断，故 M6 以下的螺纹，可在加工中心上完成底孔加工再通过其他手段（如手工）攻螺纹。

（6）M20 以上的内螺纹，一般用螺纹铣刀铣削加工。

（7）孔加工为封闭加工，一般要使用切削液。

（二）孔加工固定循环指令

数控铣床和加工中心均能完成钻孔、扩孔、铰孔、锪孔、镗孔和攻螺纹等孔加工工序。孔加工动作已经典型化，如钻孔、镗孔的动作顺序是"孔位平面定位→快速进刀→切削进给→孔底动作（不通孔）→快速退刀"等。FANUC 系统将这一系列动作预先编好程序，存储在内存中，可供数控程序调用，这种包含了典型动作循环的 G 代码称为固定循环指令。FANUC 的固定循环指令为 G73～G89，其中 G80 为取消固定循环指令，其他为各种孔加工固定循环指令。

孔加工固定循环一般由如图 2-22-2 所示的 6 个动作组成，图中虚线表示快速进给，实线表示切削进给。

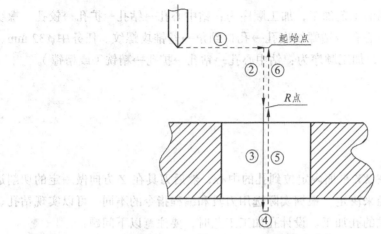

图 2-22-2 固定循环动作

（1）X、Y轴定位，使刀具快速定位到孔加工的位置。

（2）快进到 R 点：刀具自初始点快速进给到 R 点。

（3）孔加工：以切削进给的方式执行孔加工的动作。

（4）孔底动作：包括暂停、主轴准停、刀具移位等动作。

（5）返回到 R 点：继续加工其他孔且可以安全移动刀具时选择返回 R 点。

（6）返回到起始点：孔加工完成后一般应选择返回起始点。

说明：固定循环指令中地址 R 与地址 Z 的数据指定与 G90 或 G91 的方式选择有关，如图 2-22-3 所示。

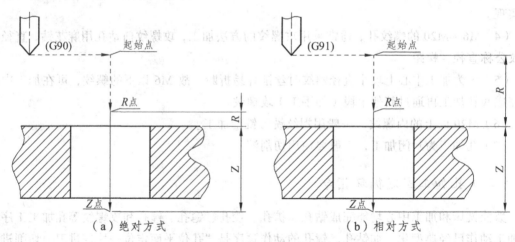

（a）绝对方式   （b）相对方式

图 2-22-3　R 点和 Z 点指令

1. 固定循环指令介绍

（1）钻孔加工循环指令 G81。

指令格式：G81 X___ Y___ Z___ R___ F___；

指令说明：X、Y 为孔中心的 X、Y 坐标值；Z 为孔终点 Z 坐标值，在 G91 时为孔终点相对于 R 点的相对坐标；R 为参考平面中 R 点的 Z 坐标，在 G91 时为 R 点相对于起始点的相对坐标，如图 2-22-3 所示。R 点一般设在孔上方 2 ~ 5 mm 处；F 为进给速度，单位为 mm/min。

该指令一般用于加工中心孔、定位孔及孔深小于 4 倍直径的通孔。

（2）钻孔加工循环指令 G82。

指令格式： G82 X___ Y___ Z___ R___ P___ F___；

在 G82 指令中 P 为钻头在孔底的暂停时间，单位为 ms（毫秒），不带小数点。其余各参数的意义同 G81 指令。该指令一般用于钻削孔深小于 4 倍直径的不通孔，也可用于锪孔和孔口倒角。

（3）深孔啄钻循环指令 G83。

指令格式： G83 X___ Y___ Z___ R___ Q___ F___；

孔深大于 4 倍直径孔的加工由于是深孔加工，不利于排屑，故采用间断进给，每次进给深度为 Q，最后一次进给深度≤Q，直到加工至孔底。

（4）高速深孔啄钻循环指令 G73。

指令格式： G73 X___ Y___ Z___ R___ Q___ F___；

G73 指令与 G83 指令是有区别的，对于长径比较大的深孔，应优先使用 G83 指令。

（5）右旋螺纹加工循环指令 G84。

指令格式： G84 X___ Y___ Z___ R___ F___；

攻螺纹过程要求主轴转速 S 与进给速度 F 成严格的比例关系，因此，编程时要求根据主轴转速计算进给速度，进给速度 = 主轴转速 × 螺纹螺距，其余各参数的意义同 G81 指令。

（6）左旋螺纹加工循环指令 G74。

指令格式： G74 X___ Y___ Z___ R___ F___；

G74 指令与 G84 指令的区别是：进给时主轴反转，退出时主轴正转，各参数的意义同 G84 指令。执行 G74 指令前需用 M04 指令使刀具反转。

（7）镗孔加工循环指令 G85。

指令格式： G85 X___ Y___ Z___ R___ F___；

各参数的意义同 G81。G85 指令可用于镗孔、铰孔和扩孔。

（8）镗孔加工循环指令 G86。

指令格式： G86 X___ Y___ Z___ R___ F___；

G86 指令与 G85 指令的区别是：在到达孔底位置后，主轴停止，并快速退出。各参数的意义同 G85 指令。

由于刀具在退回的过程中容易在已加工表面上划出刀痕，故 G86 指令常用于粗镗和半精镗。

（9）镗孔加工循环指令 G89。

指令格式： G89 X___ Y___ Z___ R___ P___ F___；

G89 指令与 G85 指令的区别是：在到达孔底位置后，进给暂停。P 为暂停时间，其余参数的意义同 G85 指令。G89 指令常用于镗阶梯孔。

（10）精镗孔加工循环指令 G76。

指令格式： G76 X___ Y___ Z___ R___ Q___ P___ F___；

G76 指令与 G85 指令的区别是：G76 指令在孔底有 3 个动作：进给暂停、主轴准停（定向停止），刀具沿刀尖的反向偏移 Q 值，然后快速退出。这样保证刀具不划伤孔的内表面。P 为暂停时间，Q 为偏移值，其余各参数的意义同 G85 指令。

G76 指令用于精镗孔，但机床须有主轴准停功能。

（11）背镗加工循环指令 G87。

指令格式：G87 X___ Y___ Z___ R___ Q___ F___;

各参数的意义同 G76 指令。

2. 取消固定循环指令 G80

G80 指令用来取消固定循环，G80 指令可以是一个单独的程序段，也可以和其他指令共用一个程序段，执行 G80 指令后，系统自动回到 G00 模式。也可用 G00、G01 等 01 组指令取消固定循环。

（三）任务知识点难点解析

1. 孔口倒角锪钻钻尖 Z 坐标计算

孔口倒角是孔加工工艺过程中不可缺少的一个环节，使用锪钻孔口倒角前，应计算锪钻钻尖的 Z 坐标。以本任务中 M10 内螺纹为例，M10 螺纹在丝锥攻丝之前，应对孔口倒角，M10 螺纹螺距为 1.5 mm，倒角大小在 1.25 ~ 2.0 mm 合适，本例取 C1.5 为宜，$Z = -(8.5/2 + 1.5) = -5.75$，如图 2-22-4 所示。

2. 孔精铣走刀路线

任务阶梯孔 $\phi 56$ mm 的加工方案为：钻中心孔→钻孔→扩孔→精铣。其中，精铣的走刀路线如图 2-22-5 所示，铣刀要遵循圆弧切入、圆弧切出的走刀路线。

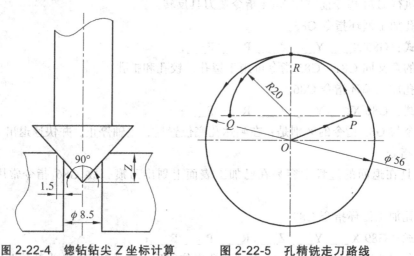

图 2-22-4　锪钻钻尖 Z 坐标计算　　图 2-22-5　孔精铣走刀路线

四、任务准备

设备、材料及工量具要求如表 2-22-1 所示。

240

表 2-22-1　设备、材料及工量具清单

序　号	名　　称	规　　格	数　量	备　注
设 备				
1	数控铣床（加工中心）	XK714D，配计算机、平口钳	1台/2人	
耗 材				
1	钢　板	45钢，80 mm×80 mm×20 mm	1块/人	
刀 具				
1	T01	φ16 mm平刀，硬质合金	1把/铣床	
2	T02	φ3 mm中心钻，高速钢	1把/铣床	
3	T03	φ20 mm钻头，高速钢	1把/铣床	
4	T04	φ30 mm扩孔钻，高速钢	1把/铣床	
5	T05	φ54 mm扩孔钻，高速钢	1把/铣床	
6	T06	φ8.5 mm钻头，高速钢	1把/铣床	
7	T07	φ9.8 mm扩孔钻，高速钢	1把/铣床	
8	T08	φ32 mm双刃微调镗刀	1把/铣床	
9	T09	φ10 mm铰刀，高速钢	1把/铣床	
10	T10	φ25 mm锪钻，高速钢	1把/铣床	
11	T11	M10丝锥，高速钢	1把/铣床	
量 具				
1	钢　尺	0～200 mm	1把/机床	
2	游标卡尺	0～150 mm（分度0.02 mm）	1把/机床	
3	杠杆百分表	0～10 mm（分度0.01 mm），配磁性表座、表杆	1把/机床	
4	分中棒	φ10 mm	1把/机床	
5	塞　规	M10	2把/车间	
工 具				
1	毛　刷		1把/铣床	
2	扳　手		1把/铣床	
3	垫　铁		4块/铣床	
4	铜　棒		1把/铣床	
5	寻边器		1把/铣床	
6	弹簧夹头	φ1～φ12 mm各一个	1套/机床	
7	铣刀柄	BT40，配拉钉	1套/机床	
8	强力弹簧夹头	φ16 mm	1套/机床	

五、任务实施

（一）工艺分析

1. 工艺过程及要点

以工件底面为定位基准，用通用平口钳夹紧工件前后两侧面。以工件上表面中心为工件坐标系原点。具体的工艺路线如下：

（1）$\phi 16$ mm 平刀（T01）粗、精铣工件底面、顶部。

（2）$\phi 3$ mm 中心钻（T02）对所有孔点中心孔。

（3）用 $\phi 20$ mm 钻头（T03）钻孔 $\phi 32H7$ mm 通孔和 $\phi 56H7$ mm 阶梯孔。

（4）用 $\phi 30$ mm 扩孔钻（T04）扩孔。

（5）用 $\phi 54$ mm 扩孔钻（T05）扩孔 $\phi 56H7$ mm 至 $\phi 54$ mm。

（6）用 $\phi 8.5$ mm 钻头（T06）钻 $2 \times M10$ 螺纹底孔及 $2 \times \phi 10H7$ mm 通孔。

（7）用 $\phi 9.8$ mm 扩孔钻（T07）扩 $2 \times \phi 10H7$ mm 通孔。

（8）用 $\phi 16$ mm 平刀（T01）精铣阶梯孔 $\phi 56H7$ mm 到尺寸。

（9）用 $\phi 32$ mm 双刃镗刀（T08）精镗 $\phi 32H7$ mm 到尺寸。

（10）用 $\phi 10$ mm 铰刀（T09）铰孔 $\phi 10H7$ mm 到尺寸。

（11）用 $\phi 25$ mm 锪钻（T10）对 $2 \times M10$ 螺纹底孔进行孔口倒角。

（12）用 M10 机用丝锥（T11）攻 $2 \times M10$ 螺纹。

2. 工艺过程及参数设置（见表 2-22-2）

表 2-22-2　工艺过程及参数设置

序号	工步内容	刀具	切削用量			加工余量 /mm	备注
			$n/(\text{r/min})$	$F/(\text{mm/min})$	A_p/mm		
1	工件上、下表面光整	T01：$\phi 16$ mm 平刀	2 000	1 000	0.5		
2	中心钻点孔	T02：$\phi 3$ mm 中心钻	1 000	80			
3	钻孔	T03：$\phi 20$ mm 钻头	400	80			
4	扩孔	T04：$\phi 30$ mm 扩孔钻	600	100			
5	扩孔	T05：$\phi 54$ mm 扩孔钻	400	80			
6	钻孔	T06：$\phi 8.5$ mm 钻头	400	80			
7	扩孔	T07：$\phi 9.8$ mm 扩孔钻	600	100			
8	精铣阶梯孔 $\phi 56$ mm	T01：$\phi 16$ mm 平刀	2 500	1 000			
9	精镗 $\phi 32H7$ mm	T08：$\phi 32$ mm 双刃镗刀	800	40			
10	铰孔 $\phi 10H7$ mm	T09：$\phi 10$ mm 铰刀	400	40			
11	M10 孔口倒角	T10：$\phi 25$ mm 锪钻	1 000	800			
12	攻螺纹 M10	T11：M10 机用丝锥	200	40			

（二）程序编制及解析（见表 2-22-3）

表 2-22-3　程序编制及解析

加工程序	程序解析	备注
O0001；	主程序	
G90 G54 G40 G49 G21 G80；	初始状态设置	
N1；	工件上、下表面整平	
N2；	ϕ3 mm 中心钻点孔	
T02 M06；	自动换刀 ϕ3 mm 中心钻	
M03 S1000；		
G43 G00 Z100.0 H02；	刀具长度补偿建立	
G99 G81 X30.0 Y30.0 Z-4.0 R5 F80；	钻 5 个工艺孔	
X-30.0；		
Y-30.0；		
X30.0；		
G98 X0 Y0；	提刀	
G80；	取消固定循环	
M05；	主轴停止	
G28；	返回机床参考点	
N3；	ϕ20 mm 钻头钻孔	
T03 M06；	自动换刀 ϕ20 mm 钻头	
M03 S400；	设置主轴转速	
G43 G00 Z100.0 H03；		
G98 G81 X0 Y0 Z-25.0 R5 F80；	钻孔	
M05；	主轴停止	
G28；	返回机床参考点	
N4；	ϕ30 mm 扩孔钻扩孔	
T04 M06；	自动换刀 ϕ30 mm 扩孔钻	
M03 S600；	设置主轴转速	
G43 G00 Z100.0 H04；		
G98 G85 X0 Y0 Z-25.0 R5 F100；	扩孔	
M05；	主轴停止	

加工程序	程序解析	备注
G28;	返回机床参考点	
N5;	φ54 mm 扩孔钻扩孔	
T05 M06;	自动换刀φ54 mm 扩孔钻	
M03 S400;	设置主轴转速	
G43 G00 Z100.0 H05;		
G98 G85 X0 Y0 Z-9.5 R5 F100;	扩孔	
M05;	主轴停止	
G28;	返回机床参考点	
N6;	φ8.5 mm 钻头钻孔	
N7;	φ9.8 mm 扩孔钻扩孔	
N8;	φ16 mm 平刀精铣阶梯孔φ56 mm	
T01 M06;	自动换刀φ16 mm 平刀	
M03 S2500;	设置主轴转速	
G43 G00 Z100.0 H01;		
G00 X0 Y0;		
G00 Z10.0;		
G01 Z-15.0 F1000;	Z 轴进刀至工件上表面	
G41 G01 X20.0 Y8.0 D01;		
G03 X0 Y28.0 I-20.0 J0;		
G03 X0 Y28.0 I0 J-28.0;		
G03 X-20.0 Y8.0 I0 J-20.0;		
G40 G01 X0 Y0;		
G00 Z100.0;		
M05;	主轴停止	
G28;	返回机床参考点	
N9;	φ32 mm 双刃镗刀精镗φ32H7 mm	
T08 M06;	φ32 mm 双刃镗刀	
M03 S400;	设置主轴转速	
G43 G00 Z100.0 H08;		
G98 G76 X0 Y0 Z-25.0 R5.0 Q2.0 P2000 F40;	φ32H7 mm 孔镗至尺寸	

244

加工程序	程序解析	备注
G00 Z100.0；		
M05；	主轴停止	
G28；	返回机床参考点	
N10；	ϕ10 mm 铰刀铰孔ϕ10H7 mm	
T09 M06；	自动换刀ϕ10 mm 铰刀	
M03 S400；	设置主轴转速	
G43 G00 Z100.0 H09；		
G99 G85 X-30.0 Y30.0 Z-25.0 R5.0 F40；	ϕ10H7 mm 孔铰至尺寸	
G98 X30.0 Y-30.0；		
G00 Z100.0；		
M05；	主轴停止	
G28；	返回机床参考点	
N11；	ϕ25 mm 锪钻孔口倒角	
T10 M06；	自动换刀ϕ25 mm 锪钻	
M03 S1000；	设置主轴转速	
G43 G00 Z100.0 H10；		
G99 G82 X30.0 Y30.0 Z-5.75 R5.0 P1000 F800；	螺纹孔孔口倒角	
G98 X-30.0 Y-30.0；		
G00 Z100.0；		
M05；	主轴停止	
G28；	返回机床参考点	
N12；	M10 机用丝锥攻螺纹	
T11 M06；	自动换刀 M10 机用丝锥	
M03 S200；	设置主轴转速	
G43 G00 Z100.0 H11；		
G99 G84 X30.0 Y30.0 Z-25 R5.0 P1000 F20；	攻螺纹	
G98 X-30.0 Y-30.0；		
GOO Z100.0；		
M05；	主轴停止	
G28；	返回机床参考点	
M30；	程序结束	

（三）检查考核（见表2-22-4）

表2-22-4　任务二十二考核标准及评分表

姓名		班级			学号		总分	
序号	考核项目	考核内容		配分	评分标准		检验结果	得分
1	加工质量（60分）	长度	60±0.01（1） IT	7分	超差0.01扣2分			
			60±0.01（2） IT	7分	超差0.01扣2分			
			80（1） IT	3分	超差0.01扣2分			
			80（2） IT	3分	超差0.01扣2分			
		高度	10 IT	5分	超差0.01扣2分			
			20 IT	5分	超差0.01扣2分			
		孔	ϕ10H7（1） IT	3分	超差0.01扣2分			
			ϕ10H7（2） IT	3分	超差0.01扣2分			
			ϕ32H7 IT	7分	超差0.01扣2分			
			ϕ56H7 IT	7分	超差0.01扣2分			
		螺纹孔	M10（1） IT	5分	超差0.01扣2分			
			M10（2） IT	5分	超差0.01扣2分			
2	工艺与编程（20分）	加工顺序、工装、切削参数等工艺合理（10分）						
		程序、工艺文件编写规范（10分）						
3	职业素养（10分）	着装	按规范着装		每违反一次扣5分，扣完为止			
		纪律	不迟到、不早退、不旷课、不打闹					
		工位整理	工位整洁，机床清理干净，日常维护					
4	文明生产（10分）	按安全文明生产有关规定，每违反一项从中扣5分，发生严重操作失误（如断刀、撞机等）每次从中扣5分，发生重大事故取消成绩。工件必须完整、无局部缺陷（夹伤等），否则扣5分						
指导教师							日期	

六、任务小结

孔加工使用固定循环指令。不同类型尺寸的孔，应选择合适的切削指令。另外，孔加工对切削参数要求严格，要严格按照指导教师的安排进行实训操作。

项目十一强化训练题

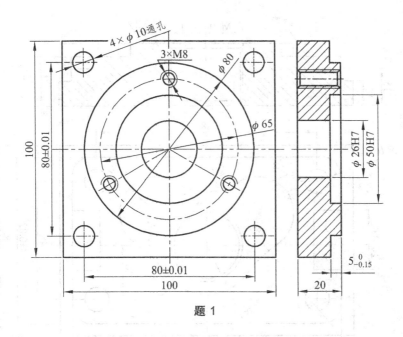

题 1

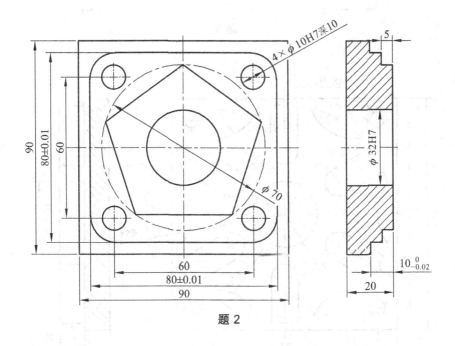

题 2

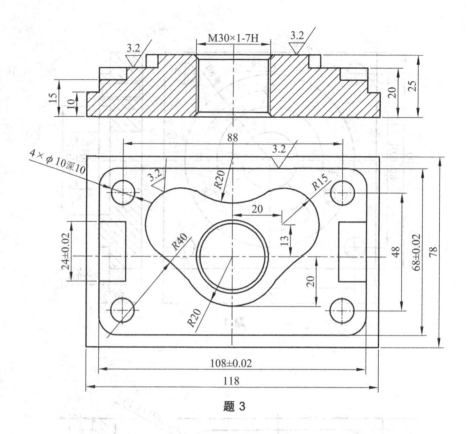

题 3

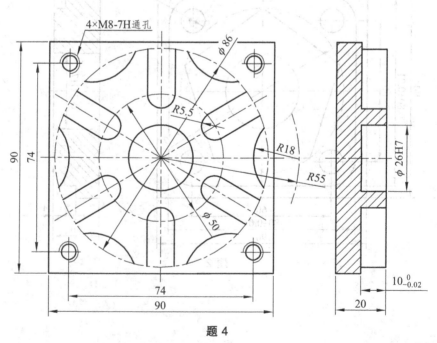

题 4

项目十二　宏程序与自动编程铣削加工

任务二十三　宏程序铣削加工

一、任务导入

项目十零件的组成要素均为直线或圆弧。但有些零件是由其他特征组成的，如椭圆、阵列孔等（见图 2-23-1）。如果采用手工编程计算节点坐标，利用插补功能编程，显然是不现实的。本任务引入 FANUC 系统宏程序编程方法，介绍宏程序铣削加工。

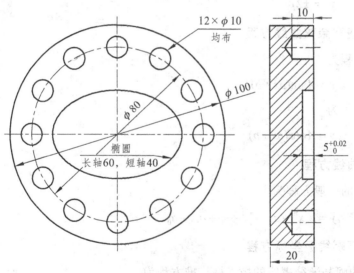

图 2-23-1　宏程序铣削加工零件图

二、任务分析

本任务零件中椭圆槽，粗、精加工均采用宏程序编程加工椭圆轮廓，能较好地保证椭圆槽的轮廓精度和表面粗糙度要求。孔加工采用钻孔→扩孔→铰孔的方法，编程采用宏程序，减少了计算量，提高了编程效率。

三、相关知识

（一）常见非圆曲线方程

1. 椭圆标准方程

椭圆标准方程为

$$\frac{x^2}{a^2} + \frac{y^2}{b^2} = 1$$

式中，a、b 分别为椭圆的长半轴和短半轴。

2. 双曲线标准方程

双曲线标准方程为

$$\frac{x^2}{a^2} - \frac{y^2}{b^2} = 1$$

式中，a 为双曲线实半轴长度；b 为双曲线虚半轴长度。

3. 抛物线标准方程

抛物线在 XY 平面的标准方程为

$$y^2 = \pm 2px$$

4. 正弦曲线和余弦曲线方程

正弦曲线方程为

$$y = A\sin(ax + b)$$

余弦曲线方程为

$$y = A\cos(ax + b)$$

5. 多项式曲线方程

多项式曲线的一般方程为

$$y = a_n x^n + a_{n-1} x^{n-1} + \cdots + a_1 x + a_0$$

6. 阿基米德螺线极坐标方程

XY 平面内的阿基米德螺线的极坐标标准方程为

$$\rho = a\theta$$

（二）宏程序

宏程序的编制方法简单地解释就是利用变量编程的方法。用户利用数控系统提供的变量、数学运算功能、逻辑判断功能、程序循环功能等，来实现一些特殊的用法。FANUC 的宏程序有 A 类和 B 类两种，这里只介绍常用的 B 类宏指令。

250

1. 宏程序变量

（1）变量的表示：变量可以用"#"号和跟随其后的变量序号来表示，即#i（i = 1，2，…），如#5、#109、#501 等。

（2）变量的类型：FANUC 的变量有 4 种类型，如表 2-23-1 所示。

表 2-23-1　变量的类型及功能

变量号	变量类型	功　　能
#0	空变量	该变量总是空，没有值能赋给该变量
#1 ~ #33	局部变量	只能用在宏程序中存储数据，如运算结果。当断电时局部变量被初始化为空；调用宏程序时，可对局部变量赋值
#100 ~ #199 #500 ~ #999	公共变量	在不同的宏程序中的意义相同。当断电时，变量#100 ~ #199 初始化为空；变量#500 ~ #999 的数据保存，即使断电也不丢失
#1000 ~	系统变量	用于读和写 CNC 运行时各种数据的变化，如刀具的当前位置和补偿值

（3）变量的赋值：如#1 = 6.0，#100 = #102 + 5.0，#100 = #101 + #102。

（4）变量的引用：将跟随在一个地址后的数值用一个变量来代替，即引入变量。

（5）算术运算：在变量与变量之间，变量与常量之间，可以进行各种运算，常用的算术运算如表 2-23-2 所示。

表 2-23-2　算数与逻辑运算

运　算	格　式	说　明
赋　值	#i = #j	
加	#i = #j + #k	
减	#i = #j-#k	
乘	#i = #j*#k	
除	#i = #j/#k	
正　弦	#i = SIN [#j]	
余　弦	#i = COS [#j]	角度单位为（°），如 90°30′应表示为 90.5°
正　切	#i = TAN [#j]	
反正切	#i = ATAN [#j]	
平方根	#i = SQRT [#j]	
绝对值	#i = ABS [#j]	
四舍五入圆整	#i = ROUND [#j]	
自然对数	#i = LN [#j]	
指数函数	#i = EXP [#j]	
或	#i = #j OR #k	
异　或	#i = #j XOR #k	逻辑运算对二进制数逐位进行
与	#i = #j AND #k	

2. 控制指令

（1）无条件转移（GOTO 语句）。

语句格式：GOTO n;

语句说明：n 为某程序段的顺序号（1～9 999），可用常量或变量表示。例如，"GOTO 10" 表示转去执行 N10 程序段；GOTO #1 表示转去执行 N#1 程序段。

（2）条件转移（IF 语句）。

① **语句格式 1**：IF [条件式] GOTO n;

语句说明：条件式成立时，转去执行顺序号为 n 的程序段；条件式不成立时，执行 IF 程序段的下一个程序段。

② **语句格式 2**：IF [条件式] THEN;

语句说明：如果条件式成立，执行预先决定的宏程序语句，只执行一个宏程序语句。

条件式运算符及含义如表 2-23-3 所示。

表 2-23-3　条件式运算符及其含义

运算符	含义	格式
EQ	等　于	#j EQ #k
NE	不等于	#j NE #k
GT	大　于	#j GT #k
LT	小　于	#j LT #k
GE	大于等于	#j GE #k
LE	小于等于	#j LE #k

（3）循环语句（WHILE 语句）。

语句格式：WHILE[条件式]DO m;（m = 1，2，3）

…

END m;

语句说明：当条件语句成立时，程序执行从 DO m 到 END m 之间的程序段；如果条件不成立，则执行 END m 之后的程序段。DO 和 END 后的数字是用于表明循环执行范围的识别号。可以使用数字 1、2 和 3，如果是其他数字，系统会产生报警。DO—END 循环能够按需执行多次。

注意：WHILE DO m 和 END m 必须成对使用（即 DO 1 对应 END 1，DO 2 对应 END 2 等）；DO 语句允许有 3 层嵌套，DO 语句范围不允许交叉。

WHILE [条件式] DO 1;

…

WHILE [条件式] DO 2;

…

WHILE [条件式] DO 3;

...

END 3 ;

...

END 2 ;

...

END1 ;

（三）任务知识点难点解析

1. 阵列孔宏程序编制

如图 2-23-2 所示，12 个孔均匀分布在直径 ϕ 80 mm 的圆周上，有些孔中心的坐标值容易确定，有些难于确定，若使用 G 指令手工编程，计算量较大，不可取。本任务根据各孔之间规律的相对位置关系，介绍使用宏程序编程。宏程序各变量初值或赋值如表 2-23-4 所示。

表 2-23-4　圆周等分孔宏程序变量设定

参　数	变　量	初　值
孔均布圆半径 R	#101	40
均布孔之间的夹角 α	#102	30
孔中心 X 坐标值	#103	
孔中心 Y 坐标值	#104	
孔　深	#105	-10

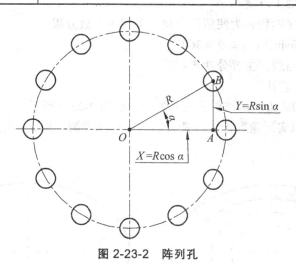

图 2-23-2　阵列孔

各孔的 X、Y 轴坐标可用如下关系式表示：

$$X = R \cos\alpha;$$

$$Y = R \sin\alpha$$

程序编制及解析如表 2-23-5 所示。

表 2-23-5 圆周等分孔宏程序编制及解析

宏程序	程序解析	备注
…		
#101 = 40;	均布孔所在圆半径	
#102 = 30;	孔之间的夹角 α 赋初值	
#105 = -23;	孔深	
WHILE [#102 LE 360] DO 1;	夹角 α 小于等于 360°，则执行循环钻孔	
#103 = #101 * COS [#102];	孔的 X 轴坐标：$X = R\cos\alpha$	
#104 = #101 * SIN [#102];	孔的 Y 轴坐标：$Y = R\sin\alpha$	
G99 G81 X[#103] Y[#104] Z[#105] R5.0 F200;	钻孔	
#102 = #102 + 30.0;	$\alpha = \alpha + 30°$	
END 1;	循环结束	
…		

2. 椭圆宏程序编制

（1）椭圆槽铣削加工方案。

椭圆轮廓的宏程序编程，为使编程方便，可使用参数方程：

$x = a\cos\theta$，$y = b\sin\theta$，$0 \leqslant \theta \leqslant 360°$

椭圆形腔的加工路线，主要分 3 步：

① 键槽铣刀切工艺孔。

② 平刀采用环切法走椭圆路线进行粗加工，如图 2-23-3 所示。

③ 精加工按椭圆实际轮廓走刀，铣刀切入、切出椭圆轮廓，采用圆弧进、退刀，如图 2-23-4 所示。

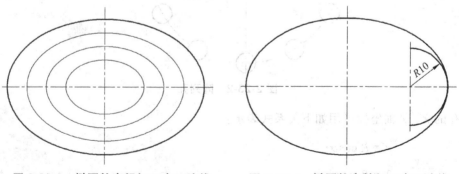

图 2-23-3 椭圆轮廓粗加工走刀路线   图 2-23-4 椭圆轮廓精加工走刀路线

（2）宏程序变量，如表 2-23-6 所示。

表 2-23-6　椭圆宏程序变量设定

参　数	变　量	初　值
椭圆长半轴	#101	30
椭圆短半轴	#102	20
	#103	0
取点间距	#104	0.2
椭圆缩放系数	#105	0.4
缩放间距	#106	0.2
缩放后的长半轴	#107	
缩放后的短半轴	#108	
X 坐标值	#109	
Y 坐标值	#110	
铣刀半径	#111	5
单边精加工余量	#112	0.4
粗加工最后一刀椭圆的长半轴	#113	
粗加工最后一刀椭圆的短半轴	#114	

（3）宏程序编制及解析。

椭圆轮廓缩放宏程序编制及解析如表 2-23-7 所示；椭圆形腔加工宏程序编制及解析如表 2-23-8 所示。

表 2-23-7　椭圆轮廓缩放宏程序编制及解析

宏程序	程序解析	备注
…		
#105 = 0.4;	起始缩放系数	
#106 = 0.2;	缩放间距	
WHILE [#105 LE 1.0] DO 1;	#105≤1，则执行循环	
#107 = #113 * #105;	缩放后的长半轴	
#108 = #114 * #105;	缩放后的短半轴	
…		
#105 = #105 + #106;	#105 每次加大 0.2	
END 1;	循环结束	
…		

255

表 2-23-8 椭圆形腔加工宏程序编制及解析

宏程序	程序解析	备注
…		
#103 = 0;		
#104 = 0.2;	取点间距	
G01 X[#107] Y0;		
WHILE [#103 LE 360.0] DO 2;	#105<1，则执行循环	
#109 = #107 * COS[#103 + #104];	缩放后的长半轴	
#110 = #108 * SIN[#103 + #104];	缩放后的短半轴	
G01 X[#109] Y[#110];		
#103 = #103 + #104;	#105 每次加大 0.2	
END 2;	循环结束	
…		

四、任务准备

设备、材料及工量具要求如表 2-23-9 所示。

表 2-23-9 设备、材料及工量具清单

序号	名称	规格	数量	备注
设备				
1	数控铣床（加工中心）	XK714D，配计算机、平口钳	1 台/2 人	
耗材				
1	圆钢	45 钢，ϕ100 mm×22 mm	1 块/人	
刀具				
1	T01	ϕ16 mm 面铣刀，硬质合金	1 把/铣床	
2	T02	ϕ3 mm 中心钻，高速钢	1 把/铣床	
3	T03	ϕ8.5 mm 钻头，高速钢	1 把/铣床	
4	T04	ϕ9.8 mm 扩孔钻，高速钢	1 把/铣床	
5	T05	ϕ10 mm 键槽铣刀，高速钢	1 把/铣床	
6	T06	ϕ10 mm 立铣刀，硬质合金	1 把/铣床	

序 号	名 称	规 格	数 量	备 注
7	T07	ϕ10 mm 铰刀，高速钢	1 把/铣床	
量 具				
1	钢 尺	0~200 mm	1 把/机床	
2	游标卡尺	0~150 mm（分度 0.02 mm）	1 把/机床	
3	杠杆百分表	0~10 mm（分度 0.01 mm），配磁性表座、表杆	1 把/机床	
4	分中棒	ϕ10 mm	1 把/机床	
工 具				
1	毛 刷		1 把/铣床	
2	扳 手		1 把/铣床	
3	垫 铁		4 块/铣床	
4	铜 棒		1 把/铣床	
5	寻边器		1 把/铣床	
6	弹簧夹头	ϕ1~ϕ12 mm 各一个	1 套/机床	
7	铣刀柄	BT40，配拉钉	1 套/机床	
8	强力弹簧夹头	ϕ8.5 mm、ϕ10 mm、ϕ16 mm	1 套/机床	
9	V 形块		2 块/机床	

五、任务实施

（一）工艺分析

1. 工艺过程及要点

用 V 形块配合通用平口钳夹紧工件。以工件上表面中心为工件坐标系原点。具体的工艺路线如下：

（1）ϕ16 mm 面铣刀（T01）粗、精铣工件底面、顶部。

（2）ϕ3 mm 中心钻（T02）对所有孔点中心孔。

（3）用 ϕ8.5 mm 钻头（T03）钻 12×ϕ10 mm 孔，钻孔深度为 10 mm。

（4）用 ϕ9.8 mm 的扩孔钻（T04）扩 12×ϕ10 mm 孔。

（5）用 ϕ10 mm 键槽铣刀（T05）切工艺孔，孔深 4.7 mm。

（6）用 ϕ10 mm 立铣刀（T06）粗铣椭圆形腔。

（7）用 ϕ10 mm 立铣刀（T06）精铣椭圆形腔到尺寸。

（8）用 ϕ10 mm 铰刀（T07）铰孔 12 × ϕ10 mm 到尺寸。

2. 工艺过程及参数设置（见表 2-23-10）

表 2-23-10　工艺过程及参数设置

序号	工步内容	刀具	切削用量			加工余量/mm	备注
			n/(r/min)	F/(mm/min)	A_p/mm		
1	工件上、下表面光整	T01：ϕ16 mm 面铣刀	2 000	1 000	0.5		
2	中心钻点孔	T02：ϕ3 mm 中心钻	1 000	80			
3	钻孔	T03：ϕ8.5 mm 钻头	400	40			
4	扩孔	T04：ϕ9.8 mm 扩孔钻	600	80			
5	切工艺孔	T05：ϕ10 mm 键槽铣刀	800	60			
6	粗铣椭圆形腔	T06：ϕ10 mm 立铣刀	2 000	1 500			
7	精铣椭圆形腔	T06：ϕ10 mm 立铣刀	2 500	1 000			
8	铰孔	T07：ϕ10 mm 铰刀	400	40			

（二）程序编制及解析（见表 2-23-11）

表 2-23-11　程序编制及解析

加工程序	程序解析	备注
O0001；	主程序	
G90 G54 G40 G49 G21 G80；	初始状态设置	
N1；	工件上、下表面整平	
N2；	ϕ3 mm 中心钻点孔	
N3；	ϕ8.5 mm 钻头钻孔	
N4；	ϕ9.8 mm 扩孔钻扩孔	
N5；	ϕ10 mm 键槽铣刀切工艺孔	
N6，N7；	ϕ10 mm 立铣刀粗铣椭圆形腔	
T06 M06；	ϕ10 mm 立铣刀	
M03 S2000；	设置主轴转速	
G43 G00 Z100.0 H06；		
G00 X-10.8 Y0；		
G00 Z10.0；		
G01 Z-1.0 F200；		
G01 X10.8 Y0；		
#101 = 30；		
#102 = 20；		

加工程序	程序解析	备注
#111 = 5；		
#112 = 0.4；		
M98 P0002；		
...		
M03 S2500；		
G01 X0 Y0；		
G41 G01 X17.0 Y10.0 D06；		
G03 X30.0 Y0 I0 J10；		
#107 = #101；		
#108 = #102；		
M98 P0003；		
G03 X17.0 Y10.0 I-10.0 J0；		
G40 G01 X0 Y0；		
G00 G49 Z100.0；		
N8；	ϕ10 mm 铰刀铰孔 12×ϕ10 mm	
M05；		
M09；		
M30；		
O0002；	子程序 1，椭圆轮廓缩放	
#105 = 0.4；	起始缩放系数	
#106 = 0.2；	缩放间距	
WHILE [#105 LE 1.0] DO 1；	#105≤1，则执行循环	
#107 = #113 * #105；	缩放后的长半轴	
#108 = #114 * #105；	缩放后的短半轴	
...		
#105 = #105 + #106；	#105 每次加大 0.2	
END 1；	循环结束	
M99；		
O0002；	子程序 2，椭圆形腔加工	
#103 = 0；		
#104 = 0.2；	取点间距	
G01 X[#107] Y0；		

加工程序	程序解析	备注
WHILE [#103 LE 360.0] DO 2;	#105<1, 则执行循环	
#109 = #107 * COS[#103 + #104];	缩放后的长半轴	
#110 = #108 * SIN[#103 + #104];	缩放后的短半轴	
G01 X[#109] Y[#110];		
#103 = #103 + #104;	#105 每次加大 0.2	
END 2;	循环结束	
M99;		

（三）检查考核（见表 2-23-12）

表 2-23-12　任务二十三考核标准及评分表

姓名				班级		学号		总分	
序号	考核项目	考核内容			配分	评分标准		检验结果	得分
1	加工质量 （60分）	高度	5	IT	5分	超差 0.01 扣 2分			
			10	IT	6分				
			20	IT	5分	超差 0.01 扣 2分			
		孔	12×ϕ10H7	IT	24分	超差 0.01 扣 2分			
		椭圆形腔	$\dfrac{x^2}{a^2} + \dfrac{y^2}{b^2} = 1$	Ra	10分	超差 0.01 扣 2分			
				IT	10分	超差 0.01 扣 2分			
2	工艺与编程 （20分）	加工顺序、工装、切削参数等工艺合理（10分）							
		程序、工艺文件编写规范（10分）							
3	职业素养 （10分）	着装	按规范着装			每违反一次扣 5分，扣完为止			
		纪律	不迟到、不早退、不旷课、不打闹						
		工位整理	工位整洁，机床清理干净，日常维护						
4	文明生产 （10分）	按安全文明生产有关规定，每违反一项从中扣 5分，发生严重操作失误（如断刀、撞机等）每次从中扣 5分，发生重大事故取消成绩。工件必须完整、无局部缺陷（夹伤等），否则扣 5分							
指导教师							日期		

六、任务小结

利用宏程序编程进行铣削加工椭圆轮廓和阵列孔特征结构的零件，相比使用 G 指令手工编程，宏程序编程省去了大量的节点坐标计算，提高了编程效率。

另外，宏程序在生产实际中使用广泛，如宏程序螺纹铣削加工等方面。宏程序编程相比其他编程方法，具有严谨科学的特点。

任务二十四　自动编程平面铣削加工

一、任务导入

对于形状复杂的零件，若采用手工编程，节点坐标计算、走刀路径规划比较难以实现。自动编程借助 CAD/CAM 软件，可减小劳动强度、缩短编程时间，又可减少差错。

本任务介绍使用 CAD/CAM 技术应用软件（UG6.0）编程加工如图 2-24-1 所示的零件。

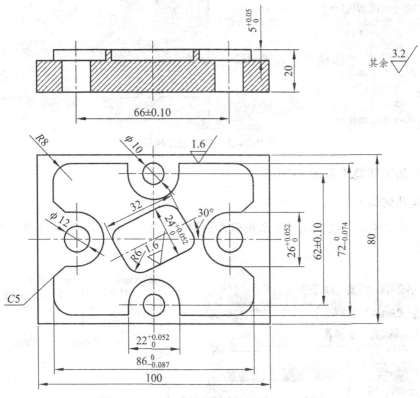

图 2-24-1　自动编程铣削平面加工示意图

二、任务分析

本任务要求学生在学习软件 UG6.0 绘图和自动编程功能模块的基础上，依据任务零件图，由软件自动生成加工程序，再传输到数控系统上启动铣床实现加工。

零件加工主要使用二维轮廓加工、二维挖槽加工以及孔加工。零件二维轮廓由直线、圆弧组成，刀具加工路径沿这条轮廓曲线切除外形上的材料即可，外形铣削采用 ϕ 10 mm 立铣刀平面铣削加工。零件槽加工，采用平面铣削跟随部件加工，选择 ϕ 10 mm 立铣刀粗、精加工。孔加工，可采用中心钻点孔、钻头钻孔、铰孔即可。

三、相关知识

（一）轮廓、槽粗加工

1. 启动加工模块（见图 2-24-2）

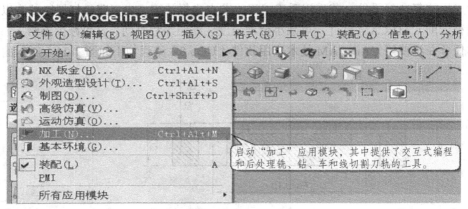

图 2-24-2　启动加工模块

2. 选择加工环境（见图 2-24-3）

3. 创建几何体

如图 2-24-4 所示，点击几何视图按钮，创建几何体；按自动块创建毛坯，如图 2-24-5 所示。

图 2-24-3　选择加工环境

图 2-24-4　创建几何体

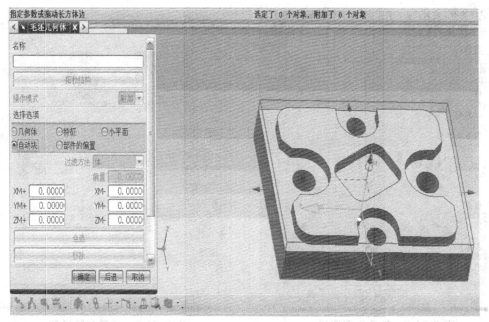

图 2-24-5　创建毛坯

4. 创建刀具

（1）点击创建刀具按钮，如图 2-24-6 所示。

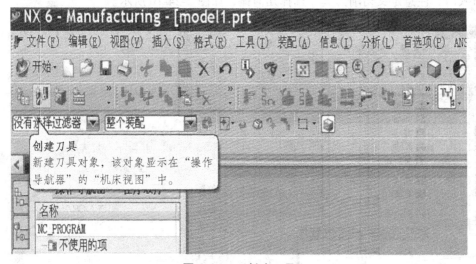

图 2-24-6　创建刀具

（2）刀具类型、参数选择。

数控铣削刀具按形状分为立铣刀、球头铣刀、环形铣刀、面铣刀、钻头和成形刀具等类型，本任务为平面二维轮廓和槽加工，因此，选择立铣刀，如图 2-24-7 所示。刀具参数设置结合零件结构特点，由于工件槽内角半径为 $R6$，因此铣刀直径应比 $R6$ 小，考虑加工效率，选择 $\phi 10\ mm$ 立铣刀加工。

刀具参数设置包括刀具长度、刀刃长度、底圆角半径等，如图 2-24-8 所示。

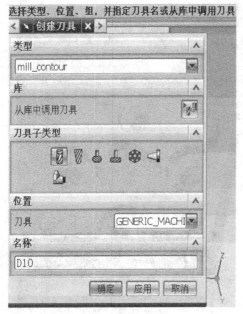

图 2-24-7　刀具类型选择

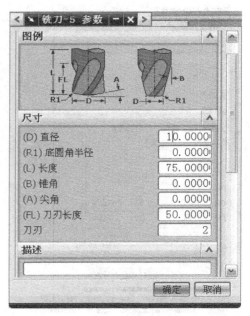

图 2-24-8　刀具参数设置

5. 铣削方式

（1）零件突起轮廓及槽粗、精加工选择平面铣削方式。进入界面如图 2-24-9 所示。选择铣削方式时，注意定义切削刀具，选择几何体，如图 2-24-10 所示。

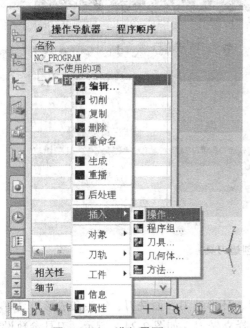

图 2-24-9　进入界面

图 2-24-10　铣削方式选择

（2）选择加工边界。

如图 2-24-11 所示，进入加工边界选择界面。过滤非此工序加工的几何体，本任务中平面铣削针对轮廓加工、槽加工，选择忽略孔选项，如图 2-24-12 所示。

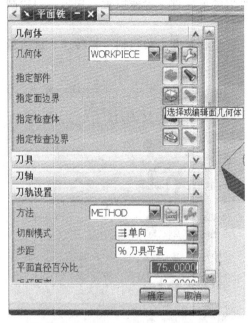

图 2-24-11 进入加工边界选择界面

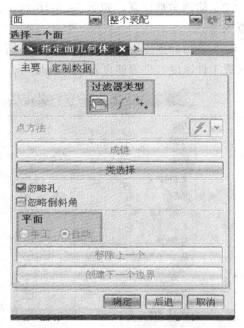

图 2-24-12 过滤非加工特征

指令所有此工序待加工的几何体，依次选择轮廓加工区域、槽加工区域，选好后，选择确定，如图 2-24-13 所示。

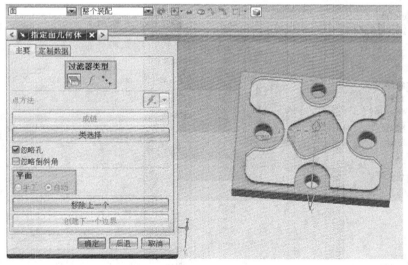

图 2-24-13 指定待加工几何体

6. 加工参数设置

加工参数设置包括铣削方法、切削模式、步距、平均直径百分比、毛坯距离、每刀深度、最终底部面余量、切削参数、非切削移动及进给和速度等，如图 2-24-14 所示。

（1）非切削运动参数设置，如图 2-24-15 所示。非切削运动包括封闭区域进刀类型、进刀直径、进刀高度及最小安全距离等；开放区域包括进刀类型、半径及最小安全距离等。

（2）切削参数设置，如图 2-24-16 所示，包括余量设置、公差设置、拐角走刀控制、空间范围等。

（3）进给和速度设置，如图 2-24-17 所示。进给和速度主要包括主轴转速、进给量、刀具逼近工件速度、进刀速度及退刀速度等。

图 2-24-14　加工参数设置

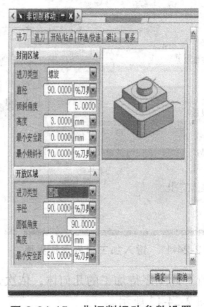

图 2-24-15　非切削运动参数设置

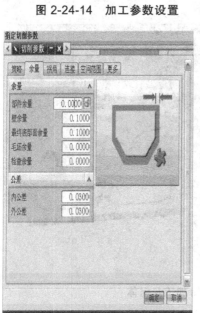

图 2-24-16　切削参数设置

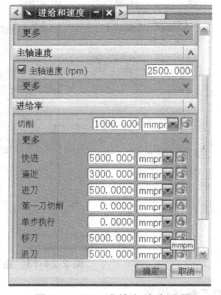

图 2-24-17　进给和速度设置

7. 刀轨设置

刀轨设置如图 2-24-18 所示，主要包括切削模式、步距等。设置完成后，选择确定。

图 2-24-18　刀轨设置

8. 刀路生成

在完成几何体、刀具、加工参数及刀轨设置后，点击确定，刀路轨迹生成，并自动生成加工程序，如图 2-24-19 所示。

（二）轮廓、槽精加工

轮廓、槽精加工包括精加工参数设置、精加工进给和速度设置、切削参数设置等，如图 2-24-20 ~ 2-24-23 所示。

图 2-24-19　粗加工程序生成

图 2-24-20　精加工刀轨设置

图 2-24-21　精加工进给和速度设置

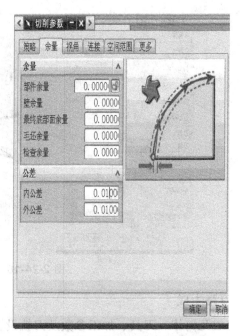

图 2-24-22　精加工切削参数设置

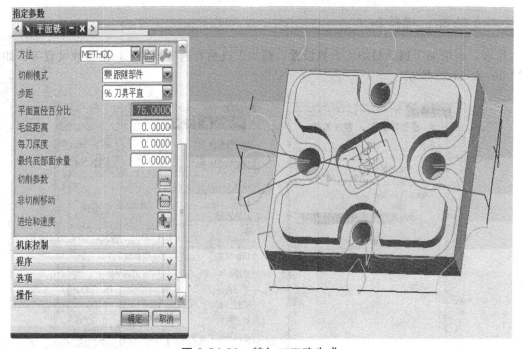

图 2-24-23　精加工刀路生成

（三）孔加工

　　孔加工模块进入如图 2-24-24 所示。刀具选择（见图 2-24-25）、加工参数设置等可根据实训设备的实际情况进行设置。

图 2-24-24 钻孔加工

图 2-24-25 刀具选择

四、任务准备

设备、材料及工量具要求如表 2-24-1 所示。

表 2-24-1　设备、材料及工量具清单

序 号	名 称	规 格	数 量	备 注
设 备				
1	数控铣床（加工中心）	XK714D，配计算机、平口钳	1台/2人	
耗 材				
1	钢 板	45 钢，100 mm×80 mm×22 mm	1块/人	
刀 具				
1	T01	ϕ10 mm 立铣刀，硬质合金	1把/铣床	
2	T02	ϕ8.5 mm 钻头，高速钢	1把/铣床	
3	T03	ϕ9.8 mm 扩孔钻，高速钢	1把/铣床	
4	T04	ϕ10 mm 铰刀，高速钢	1把/铣床	
量 具				
1	钢 尺	0~200 mm	1把/机床	
2	游标卡尺	0~150 mm（分度 0.02 mm）	1把/机床	
3	杠杆百分表	0~10 mm（分度 0.01 mm），配磁性表座、表杆	1把/机床	
4	分中棒	ϕ10 mm	1把/机床	
工 具				
1	毛 刷		1把/铣床	
2	扳 手		1把/铣床	

序 号	名 称	规 格	数 量	备 注
3	垫 铁		4 块/铣床	
4	铜 棒		1 把/铣床	
5	寻边器		1 把/铣床	
6	弹簧夹头	$\phi 1 \sim \phi 12$ mm 各一个	1 套/机床	
7	铣刀柄	BT40，配拉钉	1 套/机床	
8	强力弹簧夹头	$\phi 8.5$ mm、$\phi 10$ mm	1 套/机床	

五、任务实施

考核标准如表 2-24-2 所示。

表 2-24-2　任务二十四考核标准及评分表

姓名		班级			学号		总分	
序号	考核项目	考核内容			配分	评分标准	检验结果	得分
1	加工质量 （60分）	高度	$5^{+0.05}_{0}$	IT	5分			
			20	IT	3分			
		长度	$22^{+0.052}_{0}$	IT	5分			
			$24^{+0.052}_{0}$	IT	5分			
			$26^{+0.052}_{0}$	IT	5分			
			62 ± 0.01	IT	3分			
			66 ± 0.01	IT	3分			
			$72^{0}_{-0.074}$	IT	5分			
			$86^{0}_{-0.087}$	IT	5分			
		轮廓面	外轮廓侧面	Ra	3分			
			外轮廓底面	Ra	3分			
			槽内壁	Ra	3分			
			槽底面	Ra	3分			
		孔	$4 \times \phi 10H7$	IT	6分			
		其他	圆角、倒角		3分			
2	工艺与编程 （20分）	加工顺序、工装、切削参数等工艺合理（10分）						
		程序、工艺文件编写规范（10分）						
3	职业素养 （10分）	着装	按规范着装		每违反一次扣5分，扣完为止			
		纪律	不迟到、不早退、不旷课、不打闹					
		工位整理	工位整洁，机床清理干净，日常维护					
4	文明生产 （10分）	按安全文明生产有关规定，每违反一项从中扣5分，发生严重操作失误（如断刀、撞机等）每次从中扣5分，发生重大事故取消成绩。工件必须完整、无局部缺陷（夹伤等），否则扣5分						
指导教师							日期	

六、任务小结

企业生产实践中，数控铣削加工多采用自动编程加工，自动编程铣削加工相比手工编程加工降低了编程工作量，提高了编程效率。学生在进行本任务训练的同时，应掌握 UG6.0 软件的零件绘图、造型和平面铣削等编程功能。

任务二十五　自动编程曲面铣削加工

一、任务导入

本任务通过一个数控操作高级技工的考试题目，介绍 CAD/CAM 技术应用软件（UG6.0）曲面编程加工。本任务零件如图 2-25-1 所示。

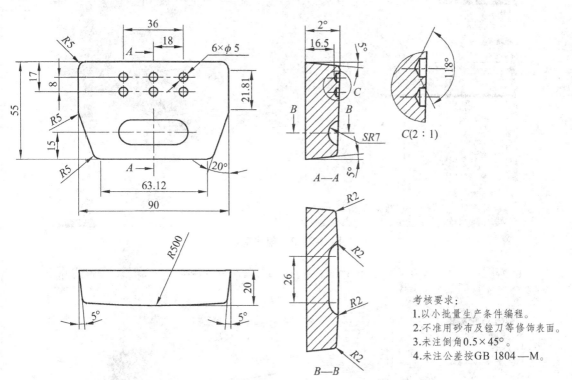

图 2-25-1　自动编程曲面铣削加工示意图

考核要求：
1.以小批量生产条件编程。
2.不准用砂布及锉刀等修饰表面。
3.未注倒角0.5×45°。
4.未注公差按GB 1804—M。

二、任务分析

零件曲面轮廓，粗加工时使用 ϕ10 mm 的立铣刀，轮廓面留出单边 0.4 mm 的精加工余量。此工序主要考虑快速去除加工余量，提高加工效率。半精加工时采用直径 ϕ6 mm 圆角 0.5 mm

的圆角刀，轮廓面留出单边 0.1 mm 的精加工余量。精加工时使用 $\phi 6$ mm 的球刀，控制零件轮廓的曲面轮廓及表面粗糙度。

孔加工可借鉴任务二十四，采用中心钻点孔、钻头钻孔、铰孔即可。

三、相关知识

（一）曲面、槽加工

1. 创建毛坯

选择【创建方块】建立毛坯，如图 2-25-2 所示。选取零件上表面，设置 1 mm 默认间隙。依据零件的高度尺寸，选择面间隙为 20 mm，如图 2-25-3 所示。

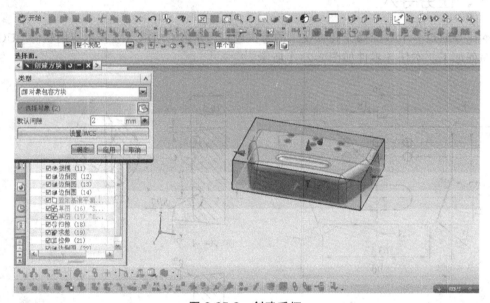

图 2-25-2　创建毛坯

图 2-25-3　设置面间隙

2. 设置工件坐标系

（1）将工件坐标系设置到工件顶面中心位置。可通过新建一直线过顶面对角线，将原点设置到此线的中点，如图 2-25-4 所示。

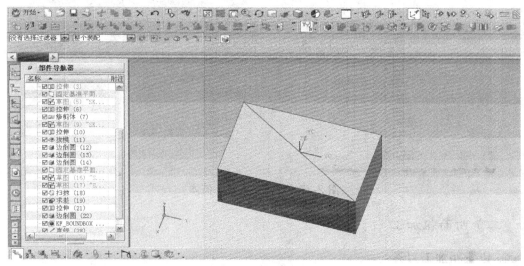

图 2-25-4　设置工件坐标系

（2）加工坐标系和工件坐标系重合，如图 2-25-5 所示。

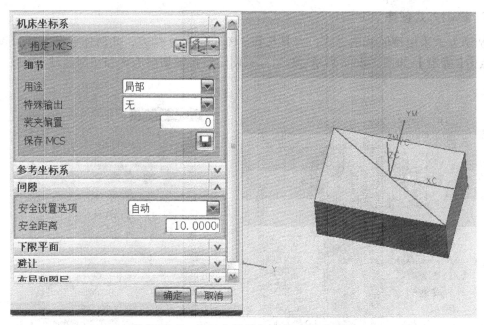

图 2-25-5　加工坐标系与工件坐标系重合

3. 创建毛坯几何体

选取部件几何体，工件模型显示设置成线框显示模式，通过列表进行选择工件模型。创建毛坯几何体，如图 2-25-6 所示。

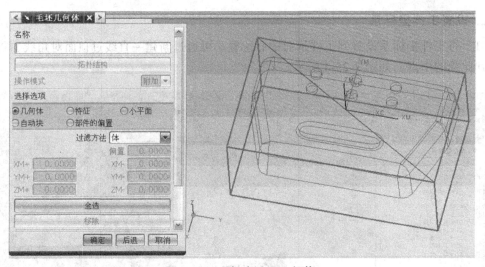

图 2-25-6　创建毛坯几何体

（二）曲面粗加工

1. 设置粗加工刀具

考虑效率，使用ϕ10 mm 的立铣刀，如图 2-25-7 所示。刀具参数主要包括刀具直径、底圆角半径、长度及刀刃长度等。

2. 铣削方式创建

铣削方式采用型腔铣削方式，刀具选择ϕ10 mm 的立铣刀，几何体选择工件，设置好后，点击【确定】，如图 2-25-8 所示。铣削方式创建后指定切削毛坯和切削区域，如图 2-25-9 所示。

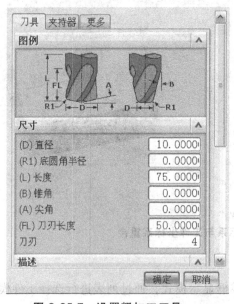

图 2-25-7　设置粗加工刀具

图 2-25-8　创建型腔粗铣削

274

3. 铣削参数设置

铣削参数设置主要包括刀路设置、进退刀设置，切削用量设置等。

（1）刀路设置包括切削模式、吃刀深度和切削参数等，如图2-25-9所示。

（2）进退刀设置。封闭区域进刀方式选择螺旋进刀，开放区域进刀方式选择圆弧进退刀，如图2-25-10所示。

（3）提刀安全距离设置。由于零件轮廓面没有凸起形状，安全距离为3 mm，如图2-25-11所示。

（4）切削参数设置。粗加工主轴速度设置为2 500 r/min，切削速度为1 000 mm/min，切入速度为500 mm/min，快速进退刀速度为5 000 mm/min，如图2-25-12所示。

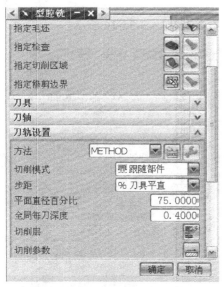

图 2-25-9 粗加工刀路设置

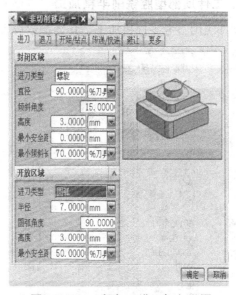

图 2-25-10 粗加工进刀切入设置

图 2-25-11 快进、提刀设置

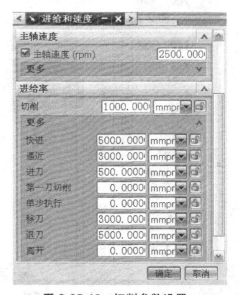

图 2-25-12 切削参数设置

4. 铣削程序生成

选择型腔粗铣加工方式，使用φ10 mm 的立铣刀，合理设置铣削参数，软件自动生成加工刀路，粗加工铣削程序生成。

（三）曲面半精加工

半精加工主要针对工件顶面、侧面、曲面槽，使用φ6 mm 圆角 0.5 mm 的圆角刀。工件顶部选择型腔铣削方式，轮廓深度铣削方式选择等高轮廓铣削方式，轮廓预留单边 0.1 mm 的精加工余量。

1. 工件顶部型腔铣削半精加工

软件应用参考零件粗加工，具体参数设置如图 2-25-13 ~ 2-25-16 所示。

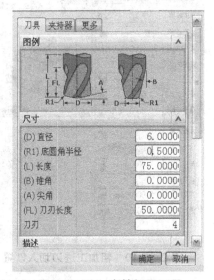

图 2-25-13　半精加工刀具

图 2-25-14　刀轨设置

图 2-25-15　切削参数设置

图 2-25-16　进给和速度设置

2. 等高轮廓铣削轮廓深度半精加工

铣削方式选择轮廓深度铣削，如图 2-25-17 所示。加工参数设置、切削参数设置如图 2-25-18 和图 2-25-19 所示。

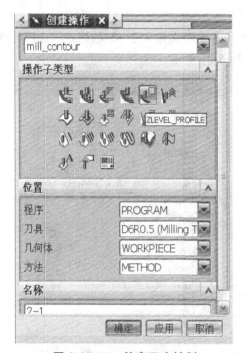

图 2-25-17　轮廓深度铣削

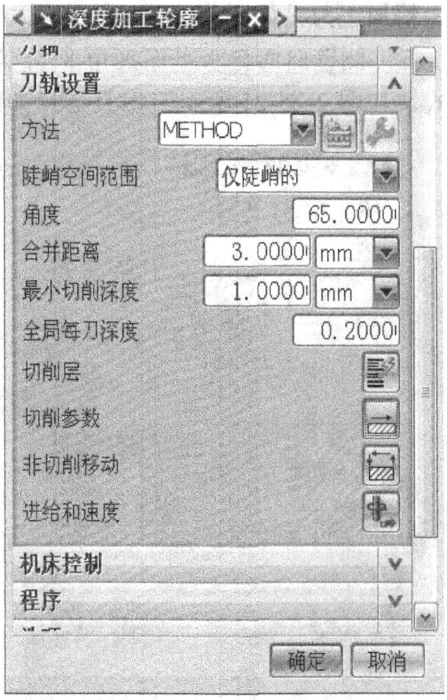

图 2-25-18　加工参数设置

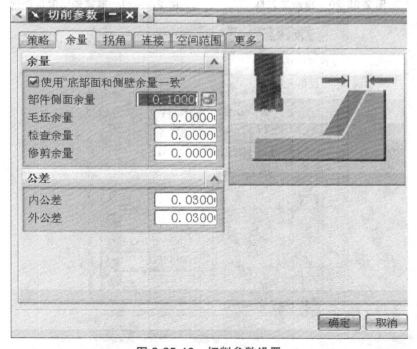

图 2-25-19　切削参数设置

（四）曲面精加工

　　零件顶面和侧面精加工，使用 ϕ6 mm 的球刀。铣削方式选择等高轮廓铣削和区域铣削结合完成工件侧壁和顶面曲面的加工。

　　（1）精加工刀具如图 2-25-20 所示。

　　（2）工件侧壁曲面与水平面夹角 85°，对于与水平面夹角大于 65°的侧壁，选择等高轮廓铣削方式，如图 2-25-21 所示。刀具选择如图 2-25-22 所示。

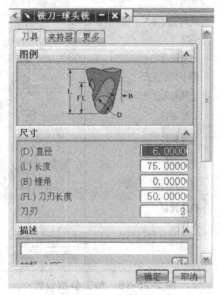

图 2-25-20　精加工刀具

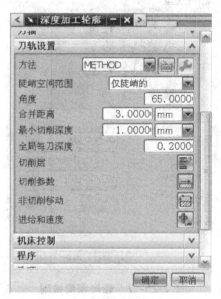

图 2-25-21　等高轮廓深度铣削

图 2-25-22　轮廓区域铣削

278

（3）工件顶部曲面及凹槽，选用区域铣削方式，如图 2-25-23 所示。切削参数设置如图 2-25-24 所示。

（4）刀路程序生成，如图 2-25-25 所示。

图 2-25-23　轮廓深度铣削

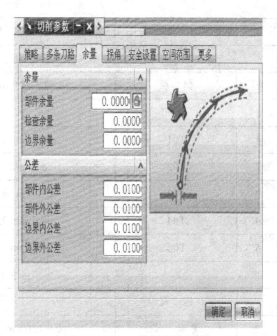

图 2-25-24　切削参数设置

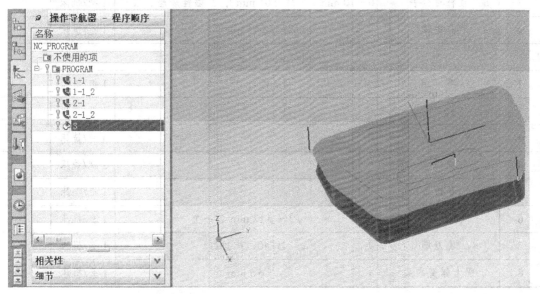

图 2-25-25　刀路生成

四、任务准备

设备、材料及工量具要求如表 2-25-1 所示。

表 2-25-1 设备、材料及工量具清单

序 号	名 称	规 格	数 量	备 注
设 备				
1	数控铣床（加工中心）	XK714D，配计算机、平口钳	1 台/2 人	
耗 材				
1	钢 板	45 钢，100 mm×60 mm×22 mm	1 块/人	
刀 具				
1	T01	ϕ10 mm 立铣刀，硬质合金	1 把/铣床	
2	T02	ϕ3 mm 中心钻，高速钢	1 把/铣床	
3	T03	ϕ6 mm 圆角刀，硬质合金	1 把/铣床	
4	T04	ϕ6 mm 球刀，硬质合金	1 把/铣床	
5	T05	ϕ5 mm 钻头，高速钢	1 把/铣床	
量 具				
1	钢 尺	0～200 mm	1 把/机床	
2	游标卡尺	0～150 mm（分度 0.02 mm）	1 把/机床	
3	杠杆百分表	0～10 mm（分度 0.01 mm），配磁性表座、表杆	1 把/机床	
4	分中棒	ϕ10 mm	1 把/机床	
工 具				
1	毛 刷		1 把/铣床	
2	扳 手		1 把/铣床	
3	垫 铁		4 块/铣床	
4	铜 棒		1 把/铣床	
5	寻边器		1 把/铣床	
6	弹簧夹头	ϕ1～ϕ12 mm 各一个	1 套/机床	
7	铣刀柄	BT40，配拉钉	1 套/机床	
8	强力弹簧夹头	ϕ5 mm	1 套/机床	

五、任务实施

考核标准如表 2-25-2 所示。

表 2-25-2 任务二十五考核标准及评分表

姓名			班级			学号		总分	
序号	考核项目		考核内容			配分	评分标准	检验结果	得分
1	加工质量 （60分）	高度	16.5	IT	3分				
			20	IT	3分				
		长度	8	IT	3分				
			17	IT	3分				
			18	IT	3分				
			21.81	IT	3分				
			26	IT	3分				
			36	IT	3分				
			55	IT	3分				
			63.12	IT	3分				
			90	IT	3分				
		面倾斜度	2°	IT	4分				
			5°	IT	4分				
		轮廓面	轮廓侧面	Ra	4分				
			轮廓顶面	Ra	4分				
			槽内壁	Ra	4分				
		孔	6×φ5	IT	5分				
		其他	圆角倒角		2分				
2	工艺与编程 （20分）	加工顺序、工装、切削参数等工艺合理（10分）							
		程序、工艺文件编写规范（10分）							
3	职业素养 （10分）	着装	按规范着装			每违反 一次扣 5 分，扣完 为止			
		纪律	不迟到、不早退、不旷课、不打闹						
		工位整理	工位整洁，机床清理干净，日常 维护						
4	文明生产 （10分）	按安全文明生产有关规定，每违反一项从中扣 5 分，发 生严重操作失误（如断刀、撞机等）每次从中扣 5 分，发 生重大事故取消成绩。工件必须完整、无局部缺陷（夹伤 等），否则扣 5 分							
指导教师							日期		

六、任务小结

曲面铣削加工相比平面铣削加工，刀具使用、铣削方式和工艺参数等都有所不同，切削过程也相对比较复杂。在进行本任务训练之前，应完成相应的 CAD/CAM 技术应用软件课程的学习。

项目十二强化训练题

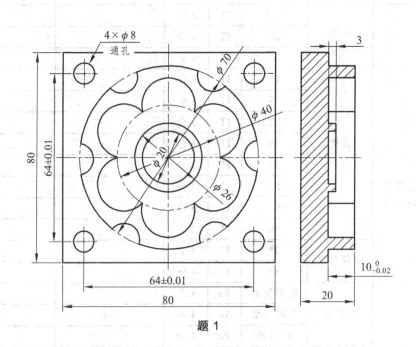

题 1

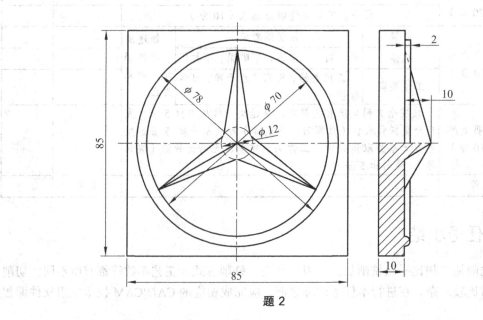

题 2

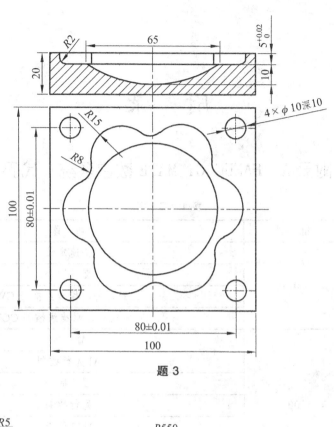

题 3

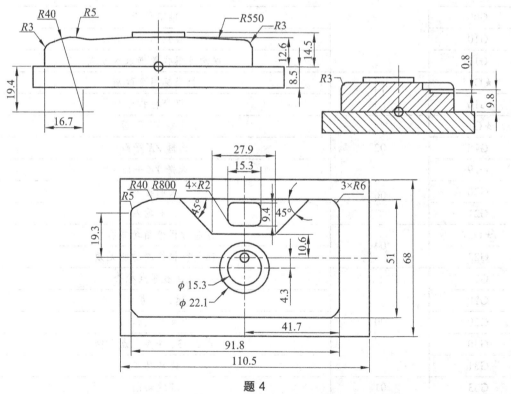

题 4

附 录

附录A FANUC Oi MATE 数控系统 G 代码

表1 G 代码

G 代码	组 别	功 能
★G00		快速定位
G01	01	直线插补
G02		圆弧插补、螺旋线插补 CW
G03		圆弧插补、螺旋线插补 CCW
G04		暂 停
G05.1		AI 先行控制
G07.1		圆柱插补
G08	00	先行控制
G09		准确停止
G10		可编程数据录入有效
G11		取消可编程数据录入方式
★G15	17	极坐标指令取消
G16		极坐标指令
★G17		选择 XY 平面
G18	02	选择 ZX 平面
G19		选择 YZ 平面
G20	06	英制输入
G21		公制输入
★G22	04	存储行程检测功能有效
G23		存储行程检测功能无效
G27		返回参考点检查
G28		返回参考点
G29	00	由参考点返回
G30		第2、3、4参考点返回
G31		跳转功能
G33	01	螺纹切削

284

续表1

G 代码	组　别	功　能
G37	00	自动刀具长度测量
G39		拐角偏置圆弧插补
★G40	07	取消刀具半径补偿
G41		刀具半径左补偿
G42		刀具半径右补偿
G43	08	正向刀具长度补偿
G44		负向刀具长度补偿
G45	00	刀具偏置值增加
G46		刀具偏置值减少
G47		2 倍刀具偏置值增加
G48		2 倍刀具偏置值减少
★G49	08	刀具长度补偿取消
★G50	11	比例缩放取消
G51		比例缩放有效
★G50.1	22	可编程镜像取消
G51.1		可编程镜像有效
G52	00	局部坐标系设定
G53		选择机床坐标系
★G54	14	选择工件坐标系 1
G54.1		选择附加工件坐标系
G55		选择工件坐标系 2
G56		选择工件坐标系 3
G57		选择工件坐标系 4
G58		选择工件坐标系 5
G59		选择工件坐标系 6
G60	00/01	单方向定位
G61	15	准确停止方式
G62		自动拐角倍率
G63		攻丝方式
★G64		切削方式
G65	00	宏程序
G66	12	宏程序模态调用

G 代码	组 别	功 能
★ G67	12	宏程序模态调用取消
G68	16	坐标旋转
★ G69		坐标旋转取消
G73		深孔钻孔循环
G74		左旋攻螺纹循环
G76		精镗循环
★ G80		固定循环取消
G81		钻孔循环
G82		沉孔钻孔循环
G83	09	深孔钻孔循环
G84		攻右螺纹循环
G85		铰孔循环
G86		镗孔循环
G87		背镗孔循环
G88		镗孔循环
G89		镗孔循环
★ G90	03	绝对坐标编程
G91		增量坐标编程
G92	00	设定工件坐标或最大主轴速度限制
G92.1		工件坐标系预置
★ G94	05	每分钟进给
G95		每转进给
G96	13	恒线速度控制
★ G97		恒线速度控制取消
★ G98	10	固定循环中使 Z 轴返回到起始点
G99		固定循环中使 Z 轴返回到 R 点

注：① 表中用★指示模态的 G 代码，即★指示的状态为开机默认状态。
② 00 组的 G 代码中，除了 G10 和 G11 之外，其他都是非模态的 G 代码。
③ 若在同一程序段中指令了多个同组的 G 代码，则仅执行最后指令的 G 代码。
④ 若在固定循环中指令了 01 组的 G 代码，则固定循环被取消。

附录 B　FANUC 0i MATE 数控系统 M 代码

表 2　M 代码

M 代码	功　能	说明、附注
M00	程序停止	非模态，程序停止时模态信息保持不变，用循环启动使自动运行从新开始
M01	选择停止	非模态，在包含 M01 程序段执行后，自动运行停止
M02	程序结束	非模态
M03	主轴正传	模态
M04	主轴反转	模态
M05	主轴停止	模态
M06	换　刀	非模态
M08	切削液开	模态
M09	切削液关	模态
M30	程序结束	非模态
M98	子程序调用	模态
M99	子程序结束并返回	模态
M198	调用子程序	非模态，用于在外部输入、输出功能中调用文件的子程序，为特殊功能

附录 C 数控铣削加工切削用量参考表

表 3 硬质合金平刀参考切削用量表

序 号	铣刀直径/mm	刃数 z	主轴转速 n/(r/min)	进给量 F/(mm/min)	吃刀量 A_p/mm
1	$\phi 2$	2	6 400	100	0.1 ~ 0.3
2	$\phi 3$	2	4 300	200	0.1 ~ 0.3
3	$\phi 4$	2	3 200	500	0.3 ~ 0.5
4	$\phi 5$	3	2 500	600	0.3 ~ 0.5
5	$\phi 6$	3	2 100	600	0.3 ~ 0.5
6	$\phi 8$	3	1 600	480	0.5 ~ 1
7	$\phi 10$	3	1 300	390	0.5 ~ 1
8	$\phi 12$	4	1 000	480	0.5 ~ 1
9	$\phi 16$	4	800	390	0.5 ~ 1
10	$\phi 20$	4	650	300	1 ~ 3
11	$\phi 50$	6	250	150	1 ~ 3

表 4 硬质合金球刀参考切削用量表

序 号	铣刀直径/mm	刃数 z	主轴转速 n/(r/min)	进给量 F/(mm/min)	吃刀量 A_p/mm
1	$\phi 1$	2	8 000	100	0.05 ~ 0.1
2	$\phi 1.5$	2	5 300	150	0.05 ~ 0.1
3	$\phi 2$	2	4 000	600	0.1 ~ 0.3
4	$\phi 2.5$	2	3 200	700	0.1 ~ 0.3
5	$\phi 3$	2	2 700	700	0.3 ~ 0.5
6	$\phi 4$	2	2 000	640	0.3 ~ 0.5
7	$\phi 5$	2	1 600	560	0.5 ~ 1
8	$\phi 6$	2	1 300	500	0.5 ~ 1
9	$\phi 8$	2	1 000	400	0.5 ~ 1
10	$\phi 10$	2	800	350	0.5 ~ 1

表 5　高速钢平刀参考切削用量表

序　号	铣刀直径/mm	刃数 z	主轴转速 n/(r/min)	进给量 F/(mm/min)	吃刀量 A_p/mm
1	$\phi 2$	2	3 200	100	0.1～0.3
2	$\phi 3$	2	2 100	100	0.1～0.3
3	$\phi 4$	2	1 600	150	0.3～0.5
4	$\phi 5$	2	1 300	200	0.3～0.5
5	$\phi 6$	3	1 060	300	0.5～0.8
6	$\phi 8$	3	800	360	0.5～0.8
7	$\phi 10$	4	640	360	0.5～0.8
8	$\phi 12$	4	530	320	0.8～2
9	$\phi 16$	4	400	240	0.8～2
10	$\phi 20$	4	320	200	0.8～2
11	$\phi 25$	4	260	200	0.8～2
12	$\phi 32$	6	200	200	0.8～2

表 6　高速钢球刀参考切削用量表

序　号	铣刀直径/mm	刃数 z	主轴转速 n/(r/min)	进给量 F/(mm/min)	吃刀量 A_p/mm
1	$\phi 1$	2	4 000	100	0.05～0.1
2	$\phi 1.5$	2	2 700	150	0.05～0.1
3	$\phi 2$	2	2 000	500	0.1～0.3
4	$\phi 2.5$	2	1 600	500	0.1～0.3
5	$\phi 3$	2	1 300	500	0.3～0.5
6	$\phi 4$	2	1 000	400	0.3～0.5
7	$\phi 5$	2	800	320	0.5～1
8	$\phi 6$	2	670	270	0.5～1
9	$\phi 8$	2	500	200	0.5～1
10	$\phi 10$	2	400	200	0.5～1

参考文献

[1] 沈建峰，金玉峰.数控编程 200 例[M].北京：中国电力工业出版社，2008.

[2] 王泉国，王小玲.数控车床编程与加工（广数系统）[M].北京：机械工业出版社，2012.

[3] 陶维利.数控铣削编程与加工[M].北京：机械工业出版社，2010.

[4] 伍伟杰.数控加工项目进阶教程[M].北京：中国时代经济出版社，2013.

[5] 顾京.数控加工编程与操作[M].北京：高等教育出版社，2008.

[6] 王宏伟.数控加工技术[M].北京：机械工业出版社，2012.

[7] 肖日增.数控车床加工任务驱动教程[M].北京：清华大学出版社，2010.

[8] 陈建军.数控铣床与加工中心操作与编程训练及实例[M].北京：机械工业出版社，2008.

[9] 卫兵工作室.UG NX5 中文版数控加工案例导航视频教程[M].北京：清华大学出版社，2007.

[10] 袁锋.全国数控大赛试题精选[M].北京：机械工业出版社，2005.

[11] 卓良福，邱道权.全国数控技能大赛实操试题集锦——数控铣床/加工中心部分[M].武汉：华中科技大学出版社，2009.